JN156968

続 狂気の科学

真面目な科学者たちの奇態な実験

レト U. シュナイダー 著
石浦章一 監訳　大塚仁子・原田公夫 訳

東京化学同人

Das neue Buch der verrückten Experimente

by Reto U. Schneider

まえがき

成功した本の続きを書くことはやっかいだ。経済的計算に従うと、可能な限り素早く市場に投入することになる。すると、最初の本で使用しなかった残りの素材をまとめたものになるが、最初の本に収録しなかったことにはそれなりの理由があったのだ。最初の本のために考えたアイディアは、内容が薄められて二冊目の本を構成することになる。

『狂気の科学』が出版されてから四年半の歳月が流れた。驚いたことに、それはベストセラーになり、「今年の科学の本〔訳注：今年の科学の本（Wissenschaftsbuch des Jahres）はドイツの一般向け科学雑誌『bild der wissenschaft』が選定する賞。六部門あり、『狂気の科学』は「驚き」部門（最も独創的な科学の本）で受賞（二〇〇五年）。なお、同賞は二〇一一年より「今年の知識の本」（Wissensbuch des Jahres）に名称変更している〕」に選ばれ、そして、今日までに七カ国語に翻訳された。今回出版される続編がすばやく出版された、と主張することは明らかに不可能だ。

私が一冊目の本を執筆しているとき、本に収録する実験を決めなければならないときがあった。提出期限約一週間前の夜のそのときのことをいまだによく憶えている。私は収録する実験の候補を記した長いリストの中から、絶対にはずせない実験を選んでいた。すると、最終的には一一六で、あと四つ載せることができた。今あなたが手にしているこの本を執筆するときも同様であった。私の好んだ実験の多くは道を空け、未来に登場することを願うしかなかった。使用できる素材が不足することは当分の間ないだろう。

研究者と個人的に話すことを、一冊目の本のときよりさらに徹底して試みた。その際、真に面白い詳細は発表された科学的論文には含まれない、との印象が確信に代わった。

海洋学者クレイグ・スミスと話すことがなければ、初めて発表された研究用にクジラを沈める実験の前に、失敗して発表されなかった実験があり、そのときはクジラが一向に沈まなかったことに気付かなかったろう。また、クジラを沈める際に使用した衣類や潜水用具は我慢のならない悪臭を発し、いかなる洗剤を使っても取除くことができないので、破棄しなければならなかったことも知らなかった。

これらを重要でもない些事と考えることもできる。問題は結果なのだから。しかし、私にとって科学の神髄とは、論文には書かれなかった、袋小路と回り道、または、幸運なそして不幸な偶然なのだ。それはノーベル賞受賞者の講演よりも科学の本質を伝えてくれる。

この本で紹介した実験のいくつかでは、目標よりもその過程が面白い。ジェームズ・グラシーンがバシリスクの水上歩行を研究しようとしたとき、最大の問題はコスタリカでバシリスクを捕獲することだった。また、スタンレー・ミルグラムの待ち行列の実験では、実験を行った学生たちのパニックに陥るほどの不安には驚かされるが、その結果自体はそれほどではない。

実験の調査が、一種の宝探しの様相をみせたことも数多くあった。黄ばんだ本の中の短いメモを頼りに、数々のデータバンクや図書館のカタログを調べて、探していた元の論文に行き着く。そして、幾度かの電話の後に、引退した研究者を発見すると、彼は自身の実験にまだ興味を示す人間がいたことに驚くのだった。

私の望みが叶うなら、満足のいくこの仕事をもっと長く続けたい。

二〇〇九年三月　チューリッヒ

レト・U・シュナイダー

謝　辞

本を書くことは、乳児の世話と似たところがある。それは、喜びもあるが、事前にどれほどの労力が必要か想像できないことだ。すでに本を何冊か書いている場合でも、これは同じである。たとえば、筆が進まない、徹夜、巨大な問題に発展する些事など。この種の苦悩に悩まされ、多くの人の支援が必要となる。

それは、まずこの本の登場人物自身である。実験の詳細を知るために彼らの時間を盗み、煩雑な質問をして神経をいらだたせたが、彼らはそれを許してくれた。彼らの多くは、とても古い未公表の資料や失われたと信じられていた写真を、まるで手品のように取出してくれた。

この本の記事の大半は雑誌『*NZZ Folio*』に掲載されたものだ。私は編集部の同僚にも感謝する。彼らの日々の努力により、編集部はとても居心地がよくかつ非常に刺激的な場所であった。

私の代理人ペーター・フリッツとは、幾度も活発に議論し、そのテーマは実験には留まらなかった。トーマス・ホイスラーは原稿を読み、その批判的な指摘により、多くの内容的および表現上の間違いを避けることができた。Partner & Partner 社のカトリン・ホフマンは、『*NZZ Folio*』のために写真の調査を担当してくれた。Zollikofer 社のアルミン・ウルリッヒは、とても古い写真やイラストをスキャンして、可能な限り最良のデータをつくりあげた。

出版社 Bertelsmann のディートリンデ・オレンディは一五〇枚の写真やイラストの権利を取得した。ヨハネス・ヤコブは、原稿締切りの大幅な延長を認めてくれた。原稿審査担当者のディーター・レッバートは、長く考えた末に間違った表現を選択した箇所に適切な表現を見つけてくれた。

妻のレグラ・フォン・フェルテンは、原稿に目を通しただけでなく、四枚カード問題をはじめとするさまざまな実験についての私の即興の講釈にも耐えてくれた。そして、君に一言、ティム。この本のわかりやすい動物実験が君の気に入ることを願っている。ラクダを使った楽しい実験についてはまだ探している最中だ。

監訳者のことば

お待ちかねの『狂気の科学』の続編が上梓された。前回は、驚くべき実験や失敗がいくつも取上げられ、科学もやはり人間が行っているのだという感を強くもったが、今回も同様に、しかも少し長めに解説された発見や失敗が数多く入っており、読み応えのあるものに仕上がっている。分野は生命科学や心理学が多めに取上げられているが、これらの学問には特に人間臭さがみられるということなのだろう。中身をきちんと説明するのは手品の種を明かすことと同じなので、私好みのものをいくつか紹介しよう。

「無能、その代わり自信満々」の項には、驚いた。世の中には、音痴なのにのど自慢大会に出場する人や面白くないジョークをとばす人がいるが、本人だけは自分の能力を過大評価している、という話だ。そのとおり。大学教授は、自分が平均より上と自己評価しているのが九割以上いるというし、大学生にいたっては自分の能力が優れていると評価するのがほとんどということだ。占い師が「あなたは、自分が隠れた能力をもっていると思っていて、それを世間のために使う機会がいつか来ると考えているでしょう」と言うと、皆、「そうです」と言い、「あの占い師さんは当たる！」と宣伝することと同じである。本書には、そのような人に厳しい一言があるのだが、ここで紹介するにははばかられる。無能な人間（上司と部下に均等にいる）はそのことに気づかないから同情することはない、などとは気の小さい私はとても言えない。

経時的に小話が続くので紹介もそのようになるが、ホームアドバンテージについての話も読み応えがあった。これは、野球でもサッカーでもホームチームがなぜ有利か、というものである。可能性が三つあって、開催地まで移動しなければいけないのでアウェーのチームが不利、スタジアムになれているのでホームチームが有利、サポーターの応援があるのでホームの方が有利、のどれかだが、一番最後が正しいだろうというのは誰でも考えるところだ。しかし、その理由が面白い。どう実験してどういう結論になったかは、スポーツに関係していなくても興味があるのではないか。

もし、科学者でない方が本書を手に取っても、きっと有用な情報が得られるだろう。たとえば、アンケートを出してどうしても返事が欲しいとき、皆さんだったらどうしますか。普通、アンケートは来たらゴミ箱直行である。お礼に何かをくれる場合は、考える。一般に新聞の世論調査は、六割の回答率がないと信用するに当たらないが、ランダムサンプリングの場合、ほとんどが六割に達していないのが実情である。ということは、ＮＨＫの調査が電話で行われている場合は、昼間、家にいて固定電話をもっている暇な人が答えていることになるわけで、民意の反映ではないのだ。本書には、アンケートを出す人の名前を、わざとアンケートを貰う人と同じにすると回答率が上がる、というインチキ結果の紹介がある。確かに、私と同姓の人間が相撲にいて、いつもＮＨＫから呼び捨てにされるのが気にくわないのだが、同姓の人からアンケートが来ると、ひょっとして遠い親戚かな、と返事を出すような気がする。人間の心の底にあるものに付け込む商法であるが、そこに気がつくのは賢いと思う。

本書には、もちろん怪しい科学もある。前回も今回も、イグノーベル賞を取った話題もあるので、決してすべてインチキではないのだが、精子を微細加工した迷路に流すと右左右左と交替に進行するなどは、怪しい限りである。精子には記憶があるという話だが、流路の長さを変えるなどの実験を行わない限り、結論は出ない。何でも信じてはいけないという例である。

しかし、一度読み始めると止まらない、というのが本書のよいところで、これを初めて手に取られた方は、どうぞ前作の『狂気の科学――真面目な科学者たちの奇態な実験』も読んでいただきたい、というのが監訳者からのお願いである。

石浦章一

二〇一八年一月

目次

1654年 ビール樽の空間

一九九一年五月、トラックの奇妙な小さい隊列がドイツのマクデブルクからスイスへ向かって進んで行った。昇降クレーン一基、重い鉄の鎖、真空ポンプ一台、そして奇異な半球体を載せた運搬車両の一団だ。その半球体の一番大きなものは直径五〇センチメートル、重さ二九〇キログラムだった。何トンもある道具に加えて四人の役者が同行していた。彼らの荷物にはフロックコート、ニッカボッカー、留め具の着いた短靴、カツラ、フェルト帽そして付け髭(ひげ)が入っていた。

有名なマクデブルグの実験の銅版画．中を真空にして貼合わせた半球をウマ 20 頭が引離そうとしている．この実験が新しい知見をもたらすことはなかったが，実験の創案者を有名にした．

マンフレート・トローガーがこの輸送団の指揮を執っていた。彼は同行した車両に座り、この先数日は雨が降らないで欲しいと願っていた。雨で濡れることを恐れたのではなく、気圧が下がってしまうことが何倍も気がかりだったのだ。気圧が低下すると実験の成功のチャンスも減少してしまうからだ。高気圧に覆われたとしても高地のスイスは実験向きの土地ではない。旅の目的地チューリッヒは海抜四〇〇メートルにあるので、トローガーの一団がこれまでに訪れたドイツ各地の気圧と比べてもかなり低いのだ。

トローガーはマクデブルクのゲーリケ協会の事務局長とし

てスイスへ向かっていた。豊富な知識をもっていたマクデブルク市長、オットー・フォン・ゲーリケが一七世紀半ば、当時の上流階級の観客に実演して見せたものをスイスの研究展示会で実演するように招待されていたのだ。

ゲーリケは一六四六年、当時四人いたマクデブルク市長の一人に就任した。要塞建築技師だったこの政治家は学術にも関心を寄せていて、『哲学原理』でルネ・デカルトが真空の存在に異論を唱えていることをこの年に知った。デカルトは空間を物質と同一視し、そこから空間があるところにはどこでも物質があるはずだ、と推論した。物質のない空間、つまり真空はありえない。アリストテレスもすでにこの命題「自然は真空を嫌う」を立てていた。

ゲーリケは、この考えを哲学的すぎると感じていた。なぜ簡単に、真空状態をつくり出す目的で実験し、真空があるのかないのか実証しないのだろう? これは今日では容易に思いつくことだが、一七世紀には一般的ではなかった。この時代、カトリック教会は真空が存在するという考えを異端信仰として弾劾していた一方で、科学が事物の認識を深める手段として「実験」という手法を発見したばかりだった。当時はまだ多くの識者が古代ギリシャ人を拠り所としていたが、古代ギリシャ人は実験をきっぱりと否定していた。彼らの世界観は観察と考察に基づいたものだった。

これに反してゲーリケは行動の人だった。彼はビール樽を密閉して水で満たし、改造した消火ポンプで水を吸い出した。着想は実に簡単なものだった。水を樽から外に排出すると、「樽の中は空気の存在しない空間が残る」と、ゲーリケは著書『マクデブルクの新たな試み』に記している。この実験は計画どおりには推移しなかった。最初に輪留めとネジが壊れ、ゲーリケは樽の補強を余儀なくされた。その後、三人の強靭な男たちがようやく水をポンプでくみ出した。しかし、シューっと音がして、細いすき間から再び空気が樽へ入り込んだ。そこで今度は樽を完全に水中へ沈めて、水をすっかり樽からくみ出したと思われたときに樽を開けたが、水と空気が中に残っていた。明らかに水が樽の木を通して内側へ浸透し、その際に樽板内に閉じ込められていた小さな気泡も一緒に樽内に運ばれていたのだ。

これにより、その後の実験で木製の樽は使用されなくなった。ゲーリケは銅製の球体を製作させた。最初の実験で球体からポンプで排出すると、大きな破裂音がしてぺちゃんこにつぶれて周囲を驚かせた。まるでシーツを手でくしゃくしゃに丸めたようだった。結局、デカルトが正しかったのか？　本当に「自然は真空を嫌う」のか？　ゲーリケは、壊れた球体の責任はいい加減な職人にある、と信じていた。実際、より厚い材質の球体を使った実験は成功した。自然界では真空が嫌われるのではなく、これらすべての現象は取囲む空気の重量によるものだ、とゲーリケは記した。

空気に重さがあることは当時すでに一般的に知られていたが、多くの人間にとっては今日でさえ、空気に重さがあることを想像するのは難しい。空気一リットルの重さは約一グラムである。リビングルームの空気は約一〇〇キログラムになるだろう。頭上の、宇宙空間までの空気の重さは、一平方センチメートル当たり約一キログラムある。一〇×一〇センチメートルの大きさの面は人の頭部に楽に収まるが、そこには一〇〇キログラムの重量がかかっているのだ。

私たちは大気の海底に暮らしているのだ。この巨大な重さに私たちが押しつぶされないだけではなく、それに気付きさえしないのには、二つの理由がある。一つは、空気は液体のような状態にあり、あらゆる方向から加わる圧力が同じであること、もう一つは人間の身体は空気を含む数少ない場所を除いて圧縮できない物質で構成されているからである。そして、空気を含む場所（たとえば鼓膜）は、内側からも外側からも常に同じ圧力が加わるようになっているのだ。

ゲーリケはポンプを改良し、空気を直接樽から抜き出すことができるようになった。一六五四年、彼はレーゲンスブルクの帝国議事堂前で公開実験を行った。この実験を続けなかったら、三五〇年後にトローガーが真空ショーを演じながら各地を巡ることもなかっただろう。ゲーリケが本当に有名になったのは、後に行われたある実験による。それは科学的に新たな認識をもたらしたわけではなく、誰も観たことのない芝居を提供しただけだった。

一六五七年に初めて実施されたといわれているこの実験は、後に切手や紙幣に印刷され、マクデブルクでは記念碑が建てられ、二〇〇六年にはトローガーがテネシー州のナシュヴィルでも上演した。ジーンズメーカーのリーバイ・ストラウス社（通称リーバイス）の商標にもこの実験が描かれている。当時のセンセーショナルな公開実験に倣って、丈夫な「リーバイス」を力づくで引裂こうとしている二頭のウマが描かれている。空気の重さをはっきりと目に見えるようにするために、ゲーリケは直径三九センチメートルの銅製の半球をつくらせた。この二個の半球を重ねて、ポンプで空気を吸い出すと、外側の空気の重さでギュッと押されてくっつくので、六人の強靱な男たちですらこれを引離すことはできない、と彼は記している。次にウマを四頭、つまり半球の両側に二頭ずつつないで半球を引かせた。変化はなかった。次に八頭つないだ。このとき継ぎ目が引裂かれて鉄製のリングは壊れたが、半球を引離すことはできなかった。

ゲーリケは壁厚などを二倍に補強して製作させて、初めは一二頭、次に一六頭のウマに半球を引かせた。そのときやっと半球を引離すことができた。ゲーリケは直径五五センチメートル、壁厚二センチメートルのさらに大きな半球を製作させて、二四頭のウマに引かせたが、半球を引離すことはできなかった。しかし、子供が半球のコックを開けると空気が流入し、球体は簡単に分割した。

実験に使用されたマクデブルクの半球は現在ミュンヘンのドイツ博物館で展示されている。ゲーリケの没後二五〇年にはクルップ社が鋼鉄製の新しい半球を鋳造し、この半球を使って新たな時代の実験を行った。

この半球はトローガーがチューリッヒへ向かったときの運搬車両に積み込まれていた。実験に使用されたウマはブラバント、力強いベルジアン種でヒューリマン・ビール醸造所が提供した。役者たちはマクデブルクの半球実験当時の衣装を着た。ゲーリケ役を演じた役者は大きな口髭をつけた。ゲーリケそっくりになった。ゴムリングを二個の半球の間に挟み重ねて球体とし、空気を抜いた。電動ポンプを使い、作業はわずか三〇分だった。ゲーリケの時代には手作業で八時間要していた。

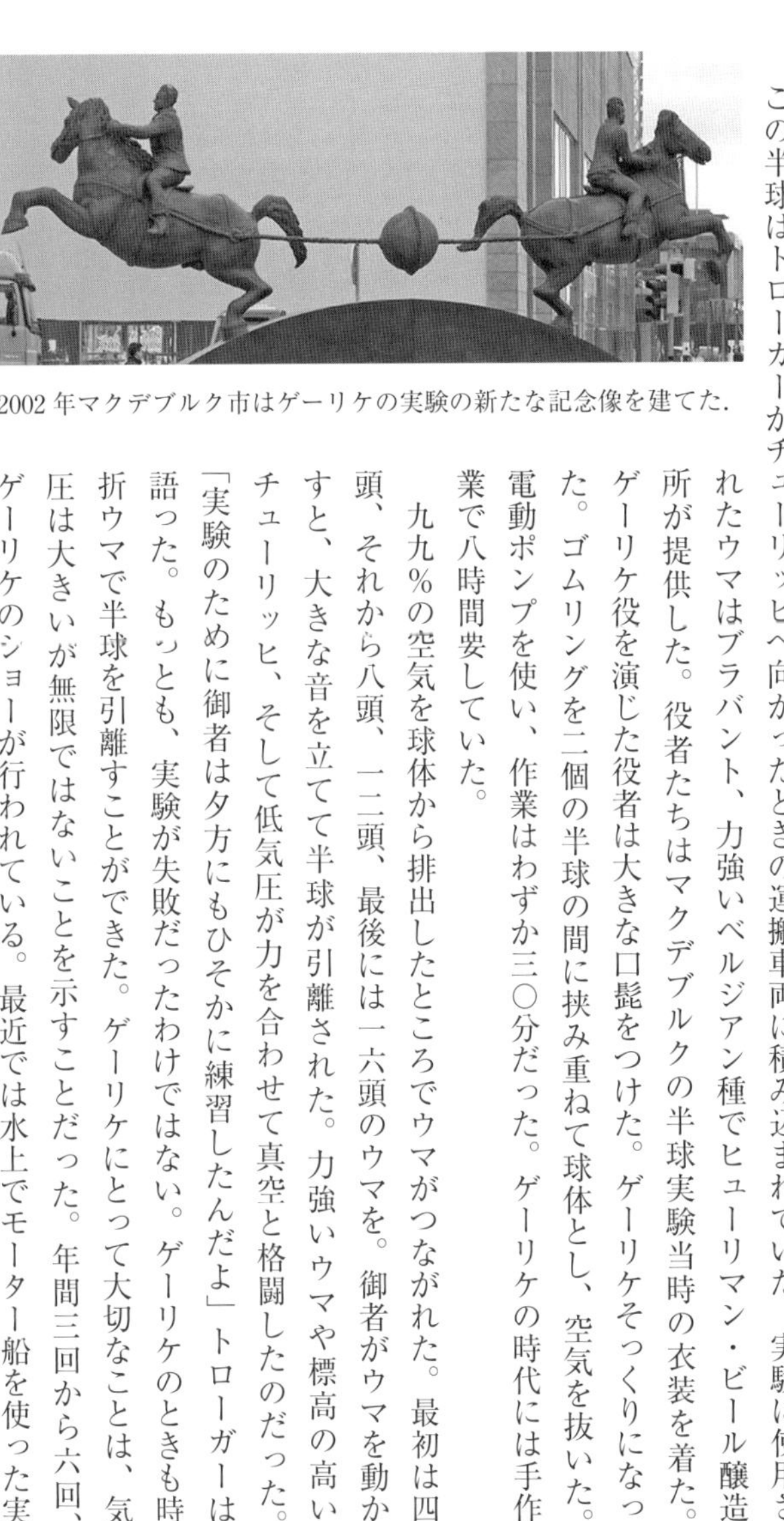

2002年マクデブルク市はゲーリケの実験の新たな記念像を建てた.

九九%の空気を球体から排出したところでウマがつながれた。最初は四頭、それから八頭、一二頭、最後には一六頭のウマを。御者がウマを動かすと、大きな音を立てて半球が引離された。力強いウマや標高の高いチューリッヒ、そして低気圧が力を合わせて真空と格闘したのだった。「実験のために御者は夕方にもひそかに練習したんだよ」トローガーは語った。もっとも、実験が失敗だったわけではない。ゲーリケのときも時折ウマで半球を引離すことができた。ゲーリケにとって大切なことは、気圧は大きいが無限ではないことを示すことだった。年間三回から六回、ゲーリケのショーが行われている。最近では水上でモーター船を使った実験も行われた。

真空が吸引力の原因だと長い間信じられていたが、他の研究者による後の実験ではすべて、大気の重さで説明されることが確認された。

たとえば、水の入ったグラスにストローを入れて吸う場合には、水を吸い上げるのではなく、ストローの中の気圧を下げ、それによって重量のある空気がストロー内の水を押し上げるのである。掃除機はドイツ語を言葉通りに訳すると「ほこり吸引機」になるが、文字通りにほこりを吸引するのではなく、ホースの端で空気を排出してホース内の気圧を下げる。すると、周辺の空気の重さのためにほこりがホースへ送り込まれるのである。それが私たちの直感にまったく矛盾しているとしても。

1747年 船上の殺人犯

一七四七年五月二〇日、船医のジェームズ・リンドはソールズベリー号船内で実験のために一二名の男を選び出した。可能な限り似た男たちだ。「似た」というのは「似たような症状」という意味だった。一二名は皆、歯肉が腐り、関節が痛み、皮膚から出血がみられた。さらに身体が弱っていて無感覚だった。典型的な壊血病の兆候だ。そのために、二週間にわたり奇妙な治療を行うというリンドの計画に対して、彼らは特には関心を示さなかったろう。ソールズベリー号はイギリス海峡艦隊所属の他艦同様イギリス海峡で活動していた。長さ四五メートルと狭い船には五〇門の大砲が装備され、三五〇人の男たちが任務に就いていた。船内の作業は過酷で危険を伴い、衛生状態は悪く、宿泊場所は寒くて湿っていた。食事は腐ったり、ネズミの糞が混じることもしばしばあった。ソールズベリー号で多く出された食事は次のようだった。朝は通常砂糖で甘味をつけた水っぽいオートミール、昼食にはしばしばマトンのコンソメスープ、ほかにソーセージやパングラタン、ラスクを砂糖で煮た粥、夕飯にはひきわり麦と干しブドウ、スグリの実と米、ワインとサゴを食べていた。船上の食事は一人のコックが担っていた。しかし、コックとはいっても名ばかりで、船上でほかに何の役にも立たない者がコックになることが多かった。

ソールズベリー号はすでに数週間、どこにも寄港していなかった。そしていつものように、大部分の船員が壊血病にかかり、そのうち八〇人の症状は非常に重く、仕事を遂行できなかった。

船医，ジェームズ・リンドは壊血病に対して6種類の方法を試みた．英国軍艦「ソールズベリー号」のじめじめした病床での実験は現代医学研究の見本になった．

リンドはソールズベリー号で船医に就き、その種の問題と自ら対峙する前に七年間、ある船医の助手として勤務していた。それゆえ、壊血病で衰弱した身体を見慣れていたに違いなかった。長い航海では、「船上の殺人犯」であるこの原因不明の謎の病気こそが、熱帯地方の病気や事故や海戦を合わせたよりも由々しき問題であった。

リンドは壊血病に対して考えうるあらゆる方法を知っていて、そのなかのいくつかを体系的にテストしようと考えた最初の人物だった。リンドは、選び出した男たちを二人ずつ、六つのグループに分けて、別室にハンモックを準備して、二週間それぞれのグループで異なる処置を施した。四つのグループは通常の食事のほかに、リンゴ酒、お酢、薄めた硫酸、海水をそれぞれ飲ませた。五つ目のグループには当時よく使われた、ニンニク、マスタードシード、ペルー・バルサム、バルサ材の樹脂を混ぜたもの、そして六つ目のグループにはオレンジ二個とレモン一個を毎日食べさせた。

この病気の原因が何なのか、憶測はさまざまあった。船内の悪い空気、ネズミ、塩分過多の食事、肝臓感染症、暑すぎる天候、寒すぎる天候などだ。この病に対する薬もさまざまあったが、その効果はいずれも実際には証明されていなかった。

リンドの実験結果は非常にはっきりしたものだった。オレンジやレモンの蓄えが六日後には底をついたが、オレンジとレモンを食べていた二人はほぼ完全に健康を回復していたのだ。ほかにはリンゴ酒を飲んでいたグループにわずかな効果がみられた。残りの方法は無益だったようだ。

リンドがこの結果を著書『壊血病の研究』で発表するまで六年を要した。リンドは当時の壊血病の知識を幅広く調査したため、当初は学術論文として発表する予定だったが、四〇〇ページの大著へ膨らんでいった。リンドはこの著書で他の研究者による壊血病の不合理な考えに対して臆することなく批判を行った。「証明可能でなければ理論は受入れられない」というのがリンドの考えだった。この主張は今日の見解では当たり前のことだが、当時は高名な医師が口にした風変わりな理論は実験の結果よりも重みがあったのだ。リンド自身も『壊血病の研究』で、壊血病の原因に関する論考を書かざるをえなくなったが、それは彼自身の実験結果と合わないものだった。それでもリンドははっきりした認識に到達した。「オレンジとレモンは航海中の壊血病の治療手段として最も効果的である」。

ステファン・R・ブラウンが著書『壊血病の時代』で記したように、リンドのこのような主張があったにもかかわらず、英国海軍がレモンジュースを予防措置に取入れて航海中の壊血病が実際に姿を消すまで、四八年かかった。この予防策がすぐに取入れられなかったことには多くの理由があった。その一つに、壊血病の治療方法を発見したと思っていたのはリンドだけではなかったのである。他の船長や船医たちも、たとえば麦芽汁やトモシリソウなどが治療に有効だ、という内容の多くの報告書を海軍本部へ提出していた。リンドはオレンジやレモンの壊血病に対する効能をわかっていたが、その根拠を何も見いだせていない、という問題に直面していた。壊血病が欠乏症だという考えに及んだことはなかったようである。

今日、私たちはビタミンCが欠乏している身体は機能をもつコラーゲンをつくり出せないことを知っている。壊血病の症状の大半が結合組織の欠損に起因している。

食品の中に入っている栄養素の不足が病気をひき起こす可能性があることは、当時は考えられないことだった。二〇世紀初めに最初のビタミンが発見されてから学者たちは欠乏症の研究を始めた。

しかし、リンドの発見した知見が広く認知されることを妨げたのは科学的な原因だけではなかった。海軍は航海中の乗員の健康を改善することに関心がなかったのだ。統計調査により乗組員の七人に一人が壊血病で亡くなり、艦隊の能力や戦闘力が劇的に失われたことが明らかになって、はじめて壊血病治療の優先順位が上がったのだ。

また現実の問題にも直面していた。レモンやオレンジは高価で、しかも長い航海では保存が難しかった。そのためにリンドは濃縮液をつくろうとした。濃縮液ならば船への持込みも加工も簡単だ。しかしこのとき、リンドは濃縮液をつくるときの熱がビタミンCを破壊することを知る由もなかった。彼自身の本に記したように、理論のみではなく、実践で調べた結果から対策を提案するという原則を守っていたならば、濃縮液作製時にビタミンCが熱により破壊されるという問題も見逃さなかっただろう。しかし、私たちが知る限り、リンドはそれ以上、体系的な研究には進めなかった。

反対に彼は自らの実験による発見を疑い始めた。『壊血病の研究』第三版でリンドは、効果を事前に調べずにスグリとビールを壊血病の治療方法として勧めた。彼が人生を終えたときには、実験前とそれほど進歩はみられなかった。彼は一七九四年に亡くなった。英国海軍がレモンジュースを壊血病対策に取入れる一年前のことだった。レモンジュースを壊血病の治療に勧めたのはほかの人たちだった。

しかし、リンドのアプローチ方法は後に医学研究では標準になった。他の影響をすべて排除するために、実験対象者はできるだけ似ている構成でグループ分けをして、グループごとに異なる処置を施す。今日の薬剤テストはさらに二重盲検で実施されている。どのような物質を患者は服用したのか、または医師は与えたのか、双方とも研究の後で初めて聞かされる。このようにして、どんな薬を服用したという先入観から効用を示すことが避けられるのだ。

一九世紀初めにはレモンジュースが壊血病の予防薬として広く使用されていた。英国海軍ではレモンジュースを毎年二〇万リットル消費した。オリーブオイルを薄く塗った樽に詰めてレモンジュースを船に積み込んだ。新鮮なレモンは塩漬けにして紙に包んだ。後に海軍はレモンをライムに代えた。英国の植民地でライムの栽培を監督していたからだ。そのために英国船の船員たちは「ライミー」とよばれた。英国人が一般的に「ライミー」とよばれるようになった起源だ。

実際に壊血病の裏に隠れていたものは二〇世紀初めに研究者たちが発見した。穀物のみ与えられたモルモットに壊血病のような症状がみられたが、果物と野菜を与えるとすぐにその症状は消えた。研究者がモルモットを実験に使ったことは偶然にも運がよかった。モルモットはコウモリやサル類の一部やヒトと同様にビタミンCを体内で合成できない、数少ない動物なのだ。

一九三二年にハンガリーの化学者、アルベルト・セント=ジェルジがビタミンCの分離に成功した。ビタミンCはアスコルビン酸ともよばれている。アスコルビン酸の語源は「抗壊血病（antiscorbutus）」である。

1752年 稲妻のひらめき

これほどすばやく有名になった実験はこれまでなかった。一七五二年一〇月一九日『ペンシルヴェニア・ガゼット』紙の紙面でベンジャミン・フランクリンの一通の手紙が公表された。この手紙には、フランクリンがどのように雷雨のなか凧（たこ）を揚げたか記されていた。

その後まもなく、これまでに人類が行った実験で最も勇気のある実験、と誰もが口々にした。当時の一人はこのように評価したのだ。哲学者のイマヌエル・カントはフランクリンを「現代のプロメテウス」と名付けた。現在、実験が行われた記念日は一〇年ごとに祝われ、凧をもったフランクリンの絵はカレンダーや教科書で紹介され切手にもなっている。ただ一つ、問題がある。もしかしたらフランクリンは実験を行っていなかったかもしれないのだ。

数多くあるフランクリンの雷の実験の絵で一番有名なもの：クーリエ＆アイヴスのカレンダー．この絵のようにフランクリンが凧のひもをもっていたら，実験で生き延びることはほとんど不可能だっただろう．そもそもフランクリンはこの実験を行ったのか，と疑われている．

フランクリンは卓越した学者だった。多くある関心事の一つに電気があった。電子の性質に関する知識をもたずに彼は電気を電荷の高いところから低いところへ流れる目に見えない流体と想像し、それは正しかった。電子が実際に発見されたのはずっと後のことだった。

凧の実験は、稲光が放電の一つの形かどうかという問題が中心だった。フランクリンは当時の簡単な起電機で発生した火花との類似性に気付いていた。両者が同じものだと証明するために、稲光を実験の行える場所へ導く必要があった。一七四九年、高さ約六・五〇から九・五〇メートルの鉄桿、つまり避雷針を立てるように提案した。この鉄桿の下端で誘導された電気を採取する予定だった。その少し後にはより簡単な方法にたどり着いた。凧だ。

凧の実験の記念碑，イサム・ノグチ作，フィラデルフィア（1984 年竣工）.

フランクリンは『ペンシルヴェニア・ガゼット』紙で凧の作り方を詳細に紹介した。スギの角材と絹の布で凧をつくり、その先端に鉄の針金を固定させ、麻ひもを取付けた。麻ひもの下端に鍵をぶら下げて、絶縁用の短い絹のリボンを結び付けた。そして凧を小屋の窓から飛ばした。この方法で絹のリボンは濡れずに絶縁体としての役割が保たれた。

麻ひもを伝って空から流れてきたものが何であったとしても、フランクリンによると、鍵に指を近づけると火花が発生した。これをライデン瓶へ取込んだ。ライデン瓶は当時一般的に使われていた蓄電器だ。貯めた電気は実験に使うことができた。フランクリンによれば、これにより、電気と稲光が疑いなく同じだと証明できた。

さまざまの絵に描かれていることとは異なり稲光は凧に落ちなかった。雷が落ちていたなら、凧もフランクリンも生き延びてはいなかっただろう。しかし、空から導かれた電気と稲光の原因は同じだというフランクリンの推測は正しかった。

フランクリンの英雄的行為が知れ渡ってから間もなく疑問の声がでた。『ペンシルヴェニア・ガゼット』紙の手紙では実験の場所と日時がふれられておらず、さらに証人の名前もなかった。一四年後になってやっと一七五二年六月にフランクリンの息子ウィリアムが実験に立ち会って実験が行われたらしいことが、わかった。フランクリンが四カ月も公表を先送りしたのはなぜだろう？　さらに観衆を招待しなかったのはなぜなのだろう？　聴衆を実験に招待することは当時では当たり前のことだったのに。実験を二度と繰返さなかったのはなぜなのだろう？

歴史学者たちは何十年来、この問題に説得力のある答えを探している。フランクリンの肩をもつ者もいたが、単純に矛盾が多すぎるという意見をもつ者もいた。トム・タッカーも著書『名声の稲妻』でこの点を指摘している。

タッカーはすでに知られていた矛盾に加えて新たな矛盾を示した。鍵もその一つだ。一八世紀、家の鍵の重さは四分の一ポンドあった。タッカーは当時の凧を再現して、四分の一ポンドの重りを付けて揚げようと試みた。上手くいかなかった。

クーリエ&アイヴスの有名なカレンダーのデザイナーも明らかに同じ問題を抱えていたに違いない。フランクリンは麻のひもを右手でもっている。その位置は鍵と絶縁体の絹のリボンより上なのだ。これではフランクリンに電気が流れてしまうので絹のリボンの意味はなくなる。

タッカーは後に、現代の凧で重りを持ち上げようとした。彼の妻は大きな額縁を窓に見立てて持った。タッカーが重りの付いた凧のひもの端を濡らさずに、額縁に触れさせないで揚げることは不可能だった。できるはずがない。はっきりとわかったのだ。フランクリンは実験を行ったことがなかったのだ。

1758年「荒れ狂う大波」対策にオリーブオイル

ベンジャミン・フランクリンが計算をしなかったのはなぜだろう？ 計算はいたって簡単で、もし、その簡単な計算をしていれば、彼の実験は歴史に残る研究となっていただろうに。結局、この実験はいつも通り友人を驚かせただけで、風変わりな実験の域を越えずに、科学的業績としては教科書の隅っこにある脚注の類で終わってしまったのだ。

一七五七年、ニューヨークからロンドンへ護送船団で向かっていたときのことだった。二艘の船の船尾には水泡(みなわ)が立たず、不思議と静かだったことがフランクリンの目に留まった。船長は驚いた様子もなかった。「コックがオイル（油）交じりの水を甲板の排水口から流したところなのでしょう。それで船のこちら側はいくらか油膜が張っているのです」。フランクリンは、ローマの学者、ガイウス・プリニウス・セクンドゥスが「船乗りはオイルで波を穏やかにする習慣がある」と書いていたことをおぼろげに思い出した。そして、機会があったら自分でも試してみようと決めたのだ。

翌年、強風の日にロンドン郊外のクラハム池へ行き、オリーブオイルを水面へ注いだ。オイルはせいぜいティースプーン一杯だったが、すぐに静かになった、とフランクリンは後に書いている。オイルは素早く水面に広がり、すぐに対岸まで達し、池の四分の一を覆った。オリーブオイルが池を覆った面積は半エーカーほどで、鏡のようにつるつる滑らかだった。その日からフランクリンは杖のくぼみにいつも少しばかりのオイルを持ち歩き、他の水辺でもこの実験を繰返した。

この効果は航海でも利用できないだろうか？　オイルを水へ流すと海が荒れている時の接岸を楽にできるだろうか？　一七七三年一〇月、フランクリンはポーツマスで実験を行った。沿岸を航海していた船から船員助手に少量のオイルを絶え間なく海へ注ぐように指示を出した。白い波頭は消えたが、フランクリンが失望したことに、うねりの強さに違いを確認できなかった。

フランスの学者、M・アシャルはこの現象を正確に知りたいと思い、程なくして研究室に四メートル×一メートルの水槽をつくり、クランクで波を発生させた。小舟を水槽に浮かせて、波が高いときに船が転覆するまでに要した時間を観察した。オイルを注がなかったときはクランクを三〇回転させたときに船は沈み、オイルを注ぐと三五回転させたときだった。このわずかな違いと、その後の実験のあいまいな結果からアシャルは確信をもてなかった。彼は船員の話は誇張された、と考えた。しかし、アシャルは実験で重要な要素を見過ごしていた。風の影響を考慮していなかった。

クラハム池，1825年頃．250年前，ベンジャミン・フランクリンはティースプーン1杯のオイルをこの池に注いだ．船員や生物学者が驚く結果が得られた．

高いうねりをオイルが鎮めるという伝説は根強かった。オランダの船長は嵐になるとオイルを海に注ぎ、荒れ狂う波を鎮めたという。また他の船乗りによると、すでに一七三五年には、オリーブオイルを積んだ二隻の船が、嵐で積み荷のオイルがわずかに流れ出すと海は静かになり先へ進んだのを観察した、というのだ。それどころか昔の海事法では、嵐のときの投げ荷の順番で一番目にあげられていたのはオイルだった。

一八八二年、スコットランドのジョン・シールドはピーターヘッド港にパイプを敷設させ、そのパイプから連続的にオイルを水へ注いだ。テストは成功したようだったが、嵐のときには多量のオイルが必要になると思われ、技術的にかなり困難だった。後にアバディーンで実験が行われたが、その後にこの試みは水の泡になった。

簡単で費用がかからない実験方法は、風向きに応じて船首や船尾にぶら下げるための、オイルをしみこませた麻を詰め込んだ帆布袋を使用したものだった。一九六〇年代でも、ドイツ船舶には波を鎮めるオイルを船に持込むこと、という規則があった。動物性のオイルは植物性のオイルよりも効果があり、植物性のオイルは鉱物性のオイルよりもよい、とされた。オイルは救助艇への浸水を防ぐといわれていた。今日では全閉囲型救助艇が使われることが多く、この措置の効果について意見は一致していないので、この規則は廃止されている。しかし、依然として小型のオイル缶を積んだ救命ボートもあるそうだ。

油膜が波を実際に和らげられることは、一九七〇年代にハンブルク大学のハインリッヒ・ヒューナーフスのもとで行われた数々の実験で示された。北海で二・五平方キロメートルに広がった油膜部分では、大波の高さは一〇%減少した。

なぜ波が和らぐのだろうか。一九世紀終わりには科学者たちはその答えを見つけていた。オイルは水面上に丈夫で部分的に弾力性のある薄膜を形成する。波を発生させる風がこの膜やその下の水を動かすとき、その風はエネルギーを失う。このように小さな波の発生が阻まれ、連鎖反応により大きな波も和らげられるのだ。

フランクリンはこの実験で波を鎮めることと並んで、一滴のオイルがすぐにパッと水面の広範囲に広がることに注目した。油膜は薄くなり最後には見えなくなった。彼はオイルにはある種の反発作用のようなものがある、と考えたのだ。その考えは事実と異なるが、この現象についてもう少し考えを進めていれば、当時の大問題の一つに答えを見つけることができただろう。

当時、物質は粒子で構成されていると多くの研究者で意見は一致していた。しかしこの粒子の大きさがどれくらいか誰もわからなかった。もしフランクリンが、オイルの素早い拡散が止まるのは、薄い油膜がそれ以上薄くなれないとき、つまり、分子一個分の厚さしかなくなったときである、というもっともな仮定に至りさえすれば、謎は解けていたのだった。

フランクリンの記述に基づいて簡単に計算ができる。クラハム池の油膜の厚さはほぼ一〇〇万分の一ミリメートルで、これは実際にトリオレイン分子の長さに相当するのだ（トリオレインはオリーブオイルの主成分で、約五〇〇万分の一ミリメートル）。しかし、実際にこの計算が行われたのは一〇〇年以上経ってからのことだった。これが分子の大きさに関する最初の信頼できる評価だった。

オリーブオイルがわずか分子一個分の厚さの単層で水を覆う理由が確認されるまでさらに三〇年を要した。他の有機化合物同様、オリーブオイルも長く伸びた原子構造をもち、その一端では水をはじき、別の端では水を引きつける。疎水性の部分の作用でオイルは水に溶けず、親水性の部分は水と結びつき、単層が形成される。

一九五〇年、油膜の異なる利用方法が浮かび上がった。暑くて乾燥した地域で貯水槽の水の蒸発を防ぐために油膜を使用したのだ。しかしこの措置も再び断念を余儀なくされた。風が強いときには油膜が破損し効果が失われてしまったのだ。

フランクリンの実験に関連して最も重要なものは、まったく思いがけずに生物学の分野でみられた。それは細胞を包む細胞膜の組成の解明に関してであった。一八九九年、植物学者、チャールズ・E・オーヴァートンは、オリーブオイルと細胞膜に類似点があるのではないかと推測した研究を発表した。オーヴァートンは偶然、ある特定の物質の細胞膜に対する通過性とオリーブオイルに対する溶解性に一定の関連性があることを発見した。細胞膜を容易に通過できる物質はオイルによく溶け、逆に細胞膜の通過に問題がある物質は、オイルにも溶けにくい。

この結果、オーヴァートンは、細胞はオリーブオイルの分子と似た分子で包まれているに違いない、と結論付けた。その分子の配列は一九二五年にエヴァート・ゴーターとその学生のF・グレンデルが解明したが、そのとき二人は、フランクリンが一七〇年前に行ったのと同様に、オイルを水に注いで実験したのだった。もっとも、その量はフランクリンよりはずっと少なかったが。

二人は赤血球の細胞膜がおもに脂質からできていると考え、赤血球からすべての脂肪分と油分、つまり脂質を完全に抽出した。抽出した脂質を水に注ぐと単層が形成され、その単層の表面積は元の赤血球の総表面積のちょうど二倍だった。その結果二人は、赤血球の細胞膜の厚さはちょうど分子二個分で、互いに反発し合う疎水性の面を挟んで二つの単層が重なっていると正しく結論付けた。

オイルを水面に注ぐという実験は、非常に単純ではあるが、驚くほど多くの分野で重要な知見をもたらした。

クラハム池は現在、界面化学者の巡礼地になった。科学者たちはこの地に来ると、誰もがフランクリンの実験を行いたい気持ちになる。この池のオリーブオイルの含有量はおそらく平均値をはるかに上回っているだろう。

1874年 死体へ一撃

一八七四年、クリスマス直前にスイスのベルン近くで風変わりな射撃訓練が行われ、その様子は『スイスの医師のためのコレスポンデンス紙』に掲載された。K・フォン・エルラッハ博士は、射撃実験を進んで引受け、口径一〇・四ミリのベテェーリ銃や口径一一ミリのシャスポー銃を使って、五枚重ねのモミ木板、閉じている本一冊、砂を詰めたブタの乾燥した膀胱一個、そして布でぴったり包んだ死体二体へ向けて引き金を引いた。後の実験では、マッシュポテトを詰めた人間の頭蓋骨が加えられた。自らの個人射撃場をその実験に気前よく提供したのはルドルフ・シェーラー博士だった。彼はヴァルダウ精神病院の院長だった。どんな理由かわからないが、当時はこの職務に就くものには特権として個人の射撃場が与えられていたのだ。

テオドール・コッヘル（黒い山高帽を被って座っている），1904年7月，トゥーンの軍事作戦コースの射撃実験にて．彼の好奇心旺盛な実験は今日までも世界中の兵士たちの命の恩人だ．

同紙によるとスイス連邦大臣ヴェリも同意したこの実験は一風変わっていたが、創傷弾道学の画期的な試みの一つに数えられる。実験を行った三三歳のベルン大学の医学部教授、テオドール・コッヘルの動機は徹底して実直だった。コッヘルにとって大切だったことは人道的見地から弾丸を改善することで、一八九四年にローマで開催された国際医学会の講演でこのことを次のように発表している。文明国

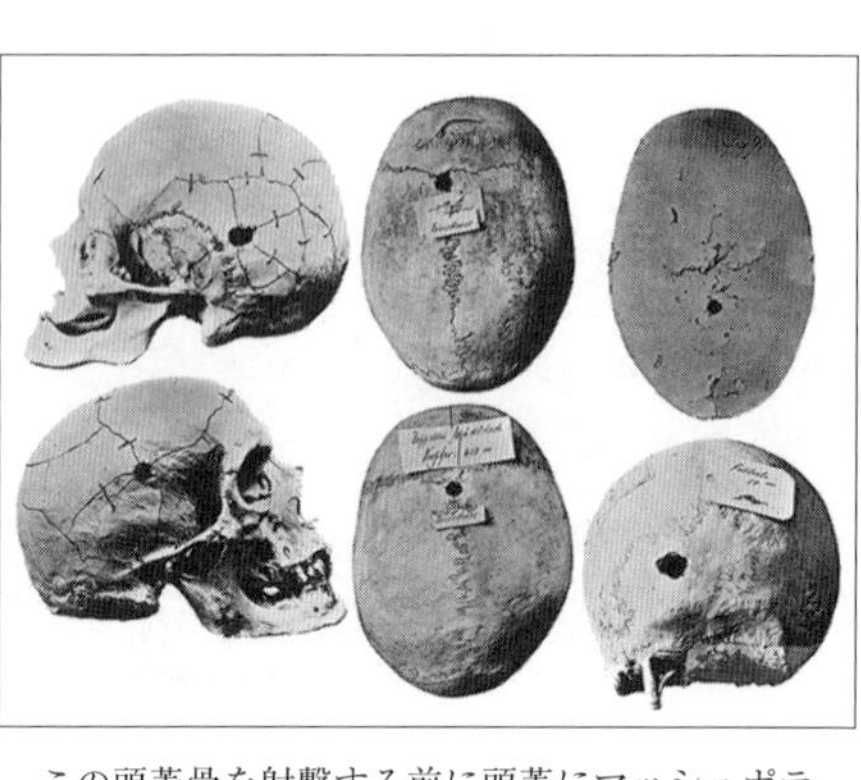

この頭蓋骨を射撃する前に頭蓋にマッシュポテトを詰め込んだ.

間の戦争の目的は、できるだけ多くの人を殺すのではなくて、戦闘可能な敵をケアの必要な患者にすることである。

一九世紀、医師が戦争負傷者を調べる機会、すなわち戦争に事欠くことはなかった。それでも弾丸が破壊的な作用を生じるのはなぜなのか、議論の的となっていた。弾丸が熱により溶けて裂けたのか、弾丸の回転により生じる遠心力が皮膚と肉をひき裂いたのか、あるいは、筋肉や柔らかい体内組織に侵入する弾が発生させる圧力によるものなのだろうか？

弾丸の回転説は間違いだと考えられた。弾丸が命中して身体に侵入する時の傷口と身体を貫通して身体から射出した時の傷口の大きさはほとんど同じで、しかも弾丸が身体から出たときの傷口の皮膚は渦巻き状にねじれていないからだ。コッヘルも直径一センチメートルの弾の貫通した傷が回転する弾丸の影響により体内で大きくなり、直径一五センチメートルになることはありえないと考えていた。

さらに、弾丸が骨に当たらなかったときは、コッヘルは銃弾の破片を見つけられなかった。それで彼は弾丸により発生した流体静力学上の圧力が組織を破壊するという仮説を支持した。その理由の一つは、頭蓋骨が空の場合には一発の射撃で穴が二つ残っただけだったが、マッシュポテトを詰めた場合には誇張ではなく本当に爆発したことだった。弾丸が爆発したというより、正確には身体の組織が爆発したのだった。

コッヘルはこの結果をその後に行われた多くの実験で改善した。彼の著書『小口径の銃弾による銃創の理論』には命中した砂岩の板やブリキ缶、ガラス板、ひもに掛けた肝臓の詳細な図画が掲載された。実験に使用された頭蓋骨の一つは今でもベルン大学が所有している。しかし、コッヘルは手術技術やコッヘル鉗子により有名になった。コッヘル鉗子は彼にちなんでつけられた名前である。一九〇九年、外科医として初めてのノーベル生理学・医学賞の受賞者になった。

コッヘルの射撃実験は今日では専門家の間でしか知られていないが、ノーベル賞の業績に劣らず広範囲に影響を与えた。彼の弾道学の実験はトゥーン爆弾工場の社長、エドワルド・ルビンが設計したルビン弾薬の基礎になり、現在でも全世界に普及している。

コッヘルは新しい武器が開発されて弾丸の初速がどんどん速くなることに何も反対できないことがわかっていた。銃弾のスピードがアップして命中率が高くなることを望まない軍隊はないだろう。それでコッヘルは、可能な限り硬くかつ小口径の弾丸を使うことを推奨した。その種の弾丸が生体内で発生させる流体静力学的圧力は最も小さくなるからだ。コッヘルによると、弾丸が小さくても身体には十分な傷を負わせることができて、それこそが銃器によって意見の相違を調停するときに大切なのだ。

1875年
悪魔のような装置

エルンスト・マッハは自分が発明した機械がどんなに残忍なものだったか意識していなかったと思われる。彼は縦縞を描いた回転シリンダーを被験者にかぶせて、シリンダーを回転させた。このようにマッハは一八七五年、運動感覚に関する実験を説明した。その際被験者には、シリンダー（円筒）が回

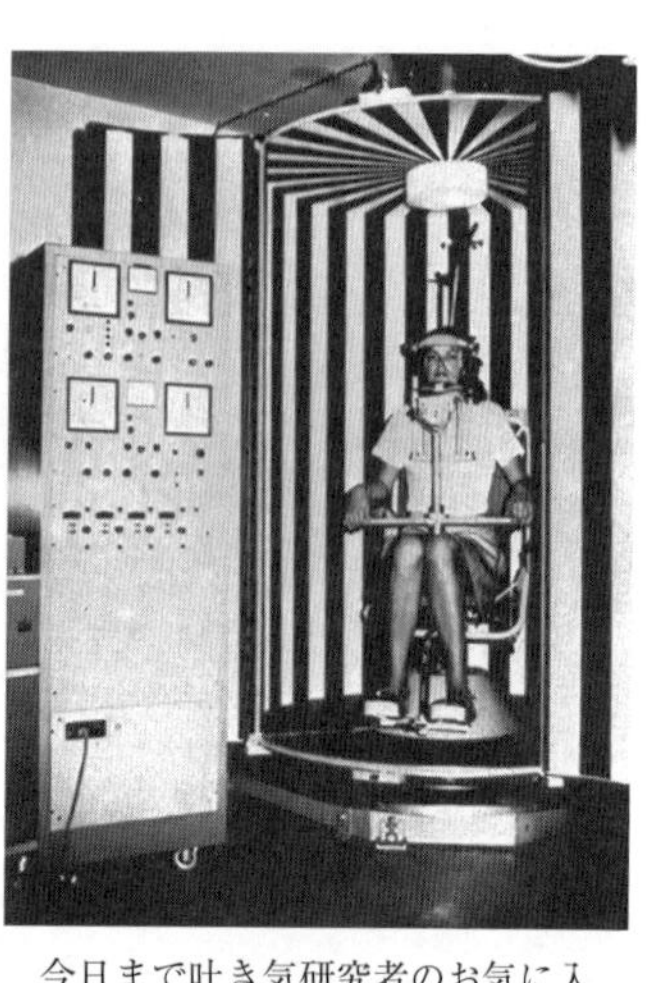

今日まで吐き気研究者のお気に入りの機械「視動性ドラム」．写真は 1970 年代モデル．

転しているのではなくて、自身が回っているような短い幻覚が何度も生じた。

この幻覚の原因は世界が全体としては静止しているという思い込みにある、と考えられていた。周りの環境全体が動くこの円筒の中に居ると、脳は当然被験者自身が動いていると受取るのだ。マッハは同じ効果をすでに橋の上で観察していた。橋の上から流れている川を見ると、水は静止し、彼自身が橋と一緒に移動している感覚が生じるのだ。

「視動性ドラム」と後によばれるようになる縦縞を描いたシリンダーを使って、このような現象を研究室で調べることができた。もっとも、これだけではなかった。つまり、縞模様のドラムは人間に吐き気を起こすことに適していることも証明された。このドラムはつくることも操作することも簡単だったので、吐き気の研究者のお気に入りの道具になった。

一九二〇年代の実験ではすでに、被験者は胃がむかつくまで天井からぶら下げられたボール紙製の円筒内に立たされた。嘔吐という行為をさらにはっきり観察するため、被験者はバリウムも飲まされることになった。レントゲン写真で実験中に胃が締めつけられる様子も観察した。

後の実験では、アジア人はヨーロッパ人よりも早く吐き気を催し、吐き気と嘔吐のプロセスが異なることもわかった。今日ではこのドラムを使って乗り物酔いの薬のテストがしばしば行われている。

しかし、吐き気の研究は多くの疑問に答えを見つけられずにいた。最も大きな謎、そもそもドラム内で被験者の気分が悪くなる理由が何なのは解き明かされていない。標準的な説明は次のようだ。回転するシリンダーは感覚の伝達をちぐはぐにさせるというのだ。内耳の平衡器官は脳へ被験者は静止していることを伝達しているが、動いている縦縞は眼に対して自分は動いていると思い込ませるのだ。その逆の効果を船の乗客は体験している。乗客の目には静かなデッキが映っているが、平衡器官は「揺れ」をその乗客に伝達するのだ。

しかし、なぜちぐはぐした感覚が脳に伝わると吐き気が起こるのかという本質的な問題が未解決のままになっている。吐き気や嘔吐は腐っていたり毒のある食べ物から私たちを守ってくれる。しかし、船の乗客は海が荒れると吐き気を催おし、フルコースの食事に手を付けない、論理的な理由はない。その乗客はまったく健康なので、問題なく食事をとれるはずなのに。

この問題に対する考えうる一つの答えは、矛盾した感覚の伝達と中毒症状の類似点に着目するものだ。毒の多くが脳内で最初に平衡障害やめまい感をつくり出し、すべてが揺れ動き回転しているように感じられるのだ。

脳がこのような症状から基本的に中毒の発生を結論づける可能性はある。たとえ、その症状の原因が揺れている船や視動性ドラムだったとしても。

1881年 追い風を受けた光

馬車の往来は間違いなく最悪のものだった。ベルリンの新ヴィルヘルム通りを行き交うウマの蹄が原因の振動が物理学研究所の地下室まで伝わっていたのだ。この地下室で二九歳のアルバート・マイケルソンは自ら発明した干渉屈折計の前で絶望的な気分になっていた。

干渉計は気まぐれだった。ごくわずかな振動でも装置はまったく機能しなくなるのだ。マイケルソンはこの干渉計を石の台座に設置して、夜中に仕事を始めた。しかし、夜中の二時でも十分に静かだったわけではなかった。

一八八一年四月、彼は装置を静かなポツダム（ベルリン近郊の街、ベルリン中心街から西南約二六キロメートル）の宇宙物理学天文台の地下室へ運んだ。これで研究者はやっと実験を実施することができた。その実験は後に最も成功した失敗実験として科学の歴史にその名が刻まれることになる。この実験で彼が得たものは神経衰弱とノーベル賞で、死ぬまでその信じられない結果に不信を抱くことになるのだ。

マイケルソンはメリーランド州アナポリスの米国海軍兵学校で物理を学び、その後に想像力豊かな精密機械設計者として優れた能力を示した。彼はその精密機械を使って光の速度を測定した。一八八〇年、研究留学のためにヨーロッパへ旅立った。ベルリンに到着すると、物理で最も困難な課題の一つにあえて取組んだ。エーテルの証明だ。

光が波動の性質をもっていることは知られていた。波動はどれも、音波は空気、水面波は水、というように、伝播のために伝達媒体が必要だった。そのため、光波はエーテルが伝達するという考えが定着していた。エーテルは目に見えない、宇宙全体に充満している質量をもたない媒体で、光以外の何からも影響を受けない、と考えられていた。エーテルは星の光を真空空間を通して運搬し、ラジオ波を送信者から受信者へ送る。エーテルは電磁波の伝播に関するあらゆる理論の中核で、光波やラジオ波も電磁波の一つだが、エーテルの存在は証明されていなかった。マイケルソンはこの状況を変えたいと思っていた。

地球は宇宙で静止しているエーテルの中を滑るように動いて、それは風も波もない穏やかな水面を二つに分けて航行する船のようだ、と彼は信じていた。地球は太陽の周りを毎秒三〇キロメートル進む。船のデッキで気流を感じるように、地球は光に影響を与えるエーテルの風が支配しているに違いないのだろう。追い風は光を加速して、逆風は減速していると思われていた。実験に必要なことは速度の違いを測るだけで、これでエーテルの存在が証明されるだろう。

このアイディアの定式化はブリタニカ百科事典の第九版で読み返すことができた。偉大な英国の物理学者、クラーク・マクスウェルが考案したものである。しかし、マクスウェルは光の速度を必要な高精度で測定することがいつの日か可能になることを疑っていた。

アルバート・マイケルソンが1881年ポツダムでエーテルの存在を証明するために作製した干渉屈折計のレプリカ.

光は非常に、非常に速いのだ。これは誇張ではない。卓上灯にスイッチを入れて光がテーブル表面に届くまでエスプレッソを飲もうと思っても、その時間はきわめて短い。一〇億分の一秒だ。この速度を大まかに計測することでさえ名人芸で、それはマイケルソンが一番よく知っていた。一八七八年、マイケルソンはその時点で最も精密な値を測定していた。秒速二九万九九四〇キロメートルだ。
そういっても、その速度自体を測定せずに二つの光線の速度差を直接確かめる方法があった。まさにマイケルソンの干渉計の機能だ。

この器具はライトの光線を二つに分けて異なる方向へ送り、複数の鏡を通過した後に同じ場所へ戻すのだ。マイケルソンの考えではエーテルの風の作用で光線は同時には戻らず、それは二本の光線がつくるいわゆる干渉縞により知ることができる。干渉縞がどのように機能するか、それは実験を理解するためには取るに足りないことだ。

マイケルソンは干渉屈折計を調整して、光線の一つが地球の自転に沿って、最初は光にエーテルの逆風が生じるように、その後、鏡に反射すると追い風になるように設定した。二本目の光はまずそれとは直角の方向に進み、その後、鏡に反射して同じ道を戻る。すると、常にエーテルの横風にさらされるようになる。

マイケルソンは彼の子供たちに実験についてこのように説明した。二つの光線を二人のスイマーが競い合ったと例えよう。一人は最初、流れに逆らって泳ぎ決められた距離でこちらへ戻ってくる。もう一人も同じ距離を泳ぐ。このとき、二人目のスイマーは川を横断するように泳ぎ、元のところに戻るのだ。川に流れがあるときは二人目のスイマーがいつも勝つのだ。最初の瞬間、意外だと思うかもしれないが、それは、一人目のスイマーは流れに逆らって泳ぐときは遅れるが、流れに沿って戻るときにその遅れを取返すことになる、と考えるからだ。しかし、これは間違っている。流れに逆らって泳ぐときの遅れは大きくて、戻るときに流れに沿って速く泳いでも完全には取返せないのだ。

マイケルソンは測定器を何度も配置し直したが勝者はいなかった。光線はいつも同時に戻ってきたのだ。地球は静止エーテルの中を動いているという仮説は間違っていた、とマイケルソンは後に記した。しかし「エーテルは存在する」という考えを諦められなかった。それで回転する地球はエーテルを巻き込むと推測し、そのためポツダムの地下室でエーテルの風は静まり返っていたのだと考えた。この仮説は後にほかの実験で否定された。

マイケルソンは干渉屈折計の精度に満足せず、さらにポツダムの実験で小さな計算ミスを犯したことが判明したので、一八八七年化学者エドワード・モーリーの協力のもと、オハイオ州のクリーブランドにあるケース応用科学スクールで再実験を行った。二人は光源と鏡を厚さ四〇センチメートルでテーブルサイズの石のブロックに組立て、振動を避けるために水銀の水槽に浮かべた。結果は変わらなかった。二つの光線の速度は同じだった。

シカゴにある改良された実験設備．水銀の水槽に実験機器を浮かべて振動を抑えた．しかし，エーテルは確認されなかった．エーテルは存在しなかったからだ．今日この実験は最も成功した失敗実験として科学の歴史に残っている．

マイケルソンも他の多くの物理学者同様、自分の計測から「エーテルは存在しない」という結果は導きたくなかった。それは、エーテルを否定すると、慣れ親しんだ世界像とも別れを告げなければならないからだ。しかし、「エーテルは存在しない」は唯一可能な結果だった。

光（およびその他の電磁波）の速度はいつでもあらゆる方向に向かって同じらしい、という事実は、ニュートン力学とも常識とも同様に矛盾している。光の前では逃げることも追いつくこともできない。どんな速度で動いていても、光の速度を計測すると、結果は常に秒速三〇万キロメートルになる。異なる速度で動く二人の観測者に対して一つの光線のスピードが同じだということは、そもそも理解しようと思わない方が無難だ。日常経験から私たちは逆のものを学ぶが、物理学者も単純に結果を受入れる必要がある。

マイケルソンが初めての実験を行ってから二四年経過した一九〇五年、二六歳のベルンの特許庁三級技術専門審査官のアルベルト・アインシュタインは不変の光速の意味を解明した。多くの教科書の記述と異なっていて、アインシュタインが特殊相対性理論を構築したとき、マイケルソン・モーリーの実験結果をもとにしたわけではなかった。観測者の動きに左右されずに光速が不変であるに違いない、と純粋な頭脳労働から見つけ出したのだ。

異なる速度で動く二人が観測する光線の速度は同じだという矛盾は、相対性理論によれば、その二人にとって時間が異なる速度で流れると仮定することにより解決する。この効果はいかなる疑いも超えて証明できたが（『狂気の科学』、222ページ参照）、相対性理論の多くのとっぴな帰結同様、人間の脳が真に理解することは不可能だ。

マイケルソンも相対性理論のために苦労した。一九〇七年、ゲッティンゲンでの講演後、聴衆と一緒にカフェへ行き、聞こえよがしに言った。「どのテーブルに座ればいいんだ？　相対性理論の崇拝者のテーブルはどこだ？　物理学者が座れる席はどこだ？」一九三一年、アインシュタインが臨終のマイケルソンを最後に訪ねたとき、彼の娘はアインシュタインにこう懇願した。「エーテルからスタートするのはやめてくださいね」。

科学の世界でエーテルは生き延びることはなかった。それに反して一般的な用語としては生き続けている。今日でもラジオ波はエーテルを通して伝わるのだ。この概念への頑なな固執は波動が無の世界でどのように広がるのか、最終的には理解できないことと関係しているのだろう。

1887年
しっぽを切られたネズミ

一八八七年一〇月一七日、ドイツ南西部ブライスガウのフライブルク大学で一二匹の白ネズミにとって、一大事が始まった。それは月曜日のことだった。ネズミたちのしっぽが切断されたのだ。それから、七匹の雌と五匹の雄はカゴに入れられた。その後一四カ月間に雌は「オリⅠ」で三三三匹、子供を産んだ。そのなかの一五匹にとって一八八七年一二月二日は暗黒の日になった。しっぽを切り落とされ、「オリⅡ」へ転居、子孫をつくった。一八八八年三月一日、そのなかから一四匹がまたもやしっぽを失い「オリⅢ」で生き続け、その子供の一部にも一八八八年四月四日、「オリⅣ」で同じ運命が待っていた。

ネズミたちにとってこの厄介者の名前はアウグスト・ヴァイスマン。当時、最も有名な生物学者の一人だった。一八八八年末まで、彼は数十匹の白ネズミの身体の端っこを一一センチメートル、短く切り落とした。しっぽを切断された親ネズミから生まれた八四九匹の子供に、しっぽがないまま生まれてきたネズミは一匹もなかった。これで、多くの自然研究者の主張した傷跡は遺伝する、という説の正当性は低くなった。彼らの主張は次のような検証不可能な報告例を根拠としていた。それは、ドイツのテューリンゲン州イェーナで納屋の扉でしっぽを切断された雄ウシからしっぽのない子ウシができた、子供の頃に親指を挫傷した女性の娘も親指が変形していたというようなものだ。そしてもちろん、とヴァイスマンは事例を追加する。その前年、ヴィースバーデンにおける自然研究者学会で紹介されたしっぽのないネコは新聞で報道されているとおり、大きな旋風を巻き起こした。その母ネコは轢（ひ）かれてしっぽを失っていた、と飼い主のツァカライアス博士は切断の遺伝の証拠として紹介したのだった。

動物種の緩やかな変化がどんなメカニズムに起因するかという疑問が問題になると、これらの事例がすべて常に引用された。変化の可能性はあり、疑う余地はない。動物繁殖においては日常茶飯事である。そして多くの人たちはその背後に隠されているものが何かわかっていると思っていた。動物は新しい環境へ入ると、新しい習慣を受入れて、それを子孫へ引継いでいく。キリンは高い樹木の葉っぱを食べるために短い首を伸ばした。どの世代もこのように、少し長くなった首を次の世代に遺伝させた。フランスの自然研究者ジャン゠バプティスト・ラマルクが一八世紀にこの考えを主張してから、その提唱者のことをラマルキストとよぶようになった。

変化が次の世代へ受継がれてもその時間はゆっくりと流れるのでラマルキストによる直接観察は不可能だ。それで彼らは、自分たちの主張を、けがによる障害が遺伝することを示して証明しようとした。ヴァイスマンは初め、獲得した性質は引継がれていくと信じていたが、この考えに疑いをもった。その理由は、報告例を詳しく調べるとそれが空想の産物でしかないことがわかっただけではなく、けがによる障害が実際に遺伝する道筋が見えなかったからだ。けがによる障害の場所と種類に関する情報が精子細胞や卵細胞に到達する必要があるのだ。この細胞のみが次の世代へ受継がれるからである。ネズミがしっぽを失ったという情報は卵細胞や精子細胞へ移り、そこへ書き込まれる必要があるのだが、ヴァイスマンはそれを不可能だと思っていた。

彼はむしろ、新たな習慣や傷は生殖細胞に影響を与えないと考えていた。遺伝子は変化しないのだ。状況に応じて変化するのは遺伝子ではなく、ある特定の動物がもつ子孫の数である。キリンは遺伝子の偶然の変化により首が長くなり、草原の高い木々の葉っぱに届くようになり、長く生き残り、さらに身体も強くなったので長い首が遺伝した子孫が増えたのだ。自然研究者のチャールズ・ダーウィンはこの過程を「自然選択」とよび、緩やかな変化とその結果による新しい種の発生を説明した。

ヴァイスマンはネズミのしっぽを二二代にわたり切断し続けた。どの子孫にもしっぽがあった。

1888年 人道的な処刑

アーサー・E・ケネリーはその実験はできれば夜に実施したいと思っていた。この種の試みは大きな好奇心をかきたてる。しかし、このような好奇心は冷静さと慎重さを損なうものだ。しかし、実験時間を決めるのは彼ではなかった。こうして一八八八年一二月五日午後、不気味なテストの立合人はニュージャージー州オレンジにあった電球の発明者トーマス・A・エジソンの研究室に集まった。ケネリーはエジソンの主任電気技術者で、実験の進行の責任者だった。見学者には医師と法律家の関係をサポートする法医学会のメンバーだけではなく、政治家やジャーナリストもいた。

二日後の新聞には、この日の午後、体重一二四・五ポンドで電気抵抗三二〇〇オームの子ウシ一頭と、一四五ポンド、一三〇〇オームの子ウシ一頭、および、一二三〇ポンド、一万一〇〇〇オームのウマ一頭が、科学史上最も非情な暴力、つまり交流電流により殺された、と掲載された。

この実験のきっかけはニューヨーク州の新しい法律だった。一八八九年一月一日から死刑執行は電気で行うこととする、と定められたのだ。

電気でネズミやネコや小型犬を殺せることは、一八世紀に新しい不思議な力を使った最初の実験が行われたときから知られていた。人間もすでに何人か無謀な実験や偶然の事故でケーブルに触れ命を落としていた。新聞は電光石火で痛みのない死だと初期の電気事故の一つを報じていた。学者と政治家はすぐに、電気により人道的で効果的、そして印象的な処刑が可能になったと了解し合っていた。絞首刑は文明国にとってもはや時代に即していないように思われていたのだ。

エジソンは彼の研究室での実験以前は死刑には反対だと言っていたが、一八八八年一一月に『ブルックリン・シチズン』紙で、犯罪者を電気で処刑することはよいアイディアだと言及した。正しい電圧で男性一人を一〇分の一秒以内で息の根を止める、とエジソンは約束した。しかし、「電気死刑」

新しい法律には死刑執行は電気で行うこととする，と定められた．どれくらいの電流を使えばいいのか誰も知らなかったので，エジソンは1888年12月5日に動物実験を行った．

と名付けられたこの新しい処刑方法が採用される約一カ月前になっても、実際の電圧も、本当に一〇分の一秒で十分なのかも、電極をどのようにどこへつなげばいいかも、まだ誰にもわかっていなかった。

イヌを使った実験はすでに何回か行われていて、この実験により交流を使うと直流よりも早く死に至ることは明らかになっていた。（直流では電子が常に同じ方向で流れ、交流では電子の流れが変わる。）しかし、イヌの体重は人間よりもずっと少ないので、この実験はあまり意味がなかった。

実験の日の午後三時五〇分、一頭目の子ウシに三〇秒間電気を流した。この子ウシは倒れたが、九分後再び起き上がった。装置を少し調整して午後三時五九分、もう一度八秒間電気を流すと、崩れるように倒れて死んだ。二頭目の子ウシは五秒間交流電気を流した後に午後四時二六分に死んだ。

ウマでは、午後五時二〇分の最初の短い電気ショックでは効果はみられず、五時二五分に五秒間電気を流しても、さらに二分後に一五秒間の電気ショックを与えても、結果は同様だった。五時二八分、二五秒間電気を流すとやっと死んだ。『ジ・エレクトリカル・ワールド』誌でハロルド・P・ブラウンは後に「即死、痛みはなし」と記している。

ブラウンは若い電気技師で、家庭における交流電流の使用に反対して情熱的に戦っていた。彼はこの実験を共に準備して、交流電流を使えばこの町の通常使用されている電圧の半分以下で即死可能、とジャーナリストの注目を集めるべく働きかけていた。

エジソンが最初の実用電球を発明してから一〇年経過していた。都市の電化という儲かる契約をめぐる戦いが熱く繰広げられていた。エジソンは直流を提案した。彼のライバル、ジョージ・ウェスティングハウスはエジソンが危険だとした交流を支持した。犯罪者の処刑ではどちらの方法がベストなのか、という疑問にエジソンはかつてこのように答えていた。彼らに刑罰としてニューヨークの電灯会社の送電線敷設の仕事を与えてください、と。

しかし、交流は変圧器を使って電圧を簡単に変換できた。これは直流では不可能なことだった。ウェスティングハウスは一〇〇〇ボルトで送電して、利用者の近くで五〇ボルトに電圧を変換するシステムを開発した。これにより一つの発電所で、エジソンより、より広い地域をカバーすることができた。

ウェスティングハウスはエジソンが動物実験を行った目的はただ、ウェスティングハウス・エレクトリック社に損害を与えることだったと思っていた。交流電流の危険性を広く知らしめるためには、死刑執行に交流電流を使うほど適した方法はないだろう。彼はハロルド・ブラウンが交流電流反対をあおった見返りにエジソンから対価を受取ったと疑っていた。

その結果、ブラウンはウェスティングハウスに奇妙な勝負を提案した。一〇〇ボルトで始めて、その後は五〇ボルト刻みで、ウェスティングハウスは交流、ブラウンは直流を使って、公開で自らの誤りを認めるまで電気ショックを与えるというものだった。ウェスティングハウスは相手にしなかった。

翌年、ニューヨーク州がブラウンに死刑執行に必要な器具の調達を委任すると、ウェスティングハウスの発電機を使用すると頑強に主張した。ウェスティングハウスは発電機を処刑のために販売することを拒否したが、ブラウンは人づてに入手した。新しい死の方法のよび名を探していたエジソンの弁護士は、電気いすで死刑囚を処刑することを「ウェスティングハウスする」とよぶように提案した。

電気による死刑執行の運命を課せられた最初の人物は殺人犯ウィリアム・ケムラーだった。彼の裁判は有名な弁護人が務めた。彼がなぜそのような弁護人に依頼できたのだろう。新聞はウェスティングハウスが弁護費用を支払ったのだと推測した。彼の発電機を処刑に使うことを回避したいと思っていたからだ。

控訴審は長く続き、エジソンは電気による処刑の賛成者としてワシントンのヒアリングに出席した。また刑の執行は最後の最後までケムラーが電気いすに座ってからも延期された。始まったのは一八九〇年八月六日になってからだった。

彼がオーバーンの刑務所で電気いすに固定されると、監視人の一人が電極を二本、繋いだ。一本は背中、脊柱の真ん中辺りに、もう一本は頭の髪を刈ったところに固定した。その指示は他の動物実験の結果に基づいたものだった。そもそも、一〇〇〇ボルト以上の電流をどれくらい流し続ければいいのか誰も知らないことが判明したときには、準備はすべて終わっていた。最終的にその場にいた医師の一人がスイッチオフの合図をするといった。

スイッチが切替わった。ケムラーの身体は皮ベルトの下で痙攣した。彼の顔は歯を食いしばり恐ろしいほどゆがんだ。右の人差指が手のひらに突き刺さり、血が流れた。一七秒後、医師が十分だと判断し、電気のスイッチが切られた。

するとケムラーはうめき声を上げ始めた。彼は生きている！ パニックが広がった。「スイッチを入れろ！ 電気を流せ！」という声が上がった。しかし、発電機のスイッチは切られていた。発電機が始動するまで二分以上要した。それからケムラーに再び電気がかけられた。一分間だったのか、二分間だったのか、もはや誰にもわからなかった。塩水を浸した電極のスポンジは乾燥し、肉が焦げた臭いがした。立会人の一人は嘔吐し、他の証人は失神して倒れた。『ニューヨークタイムズ』紙は「絞首刑よりも酷い」とタイトルを付けた。

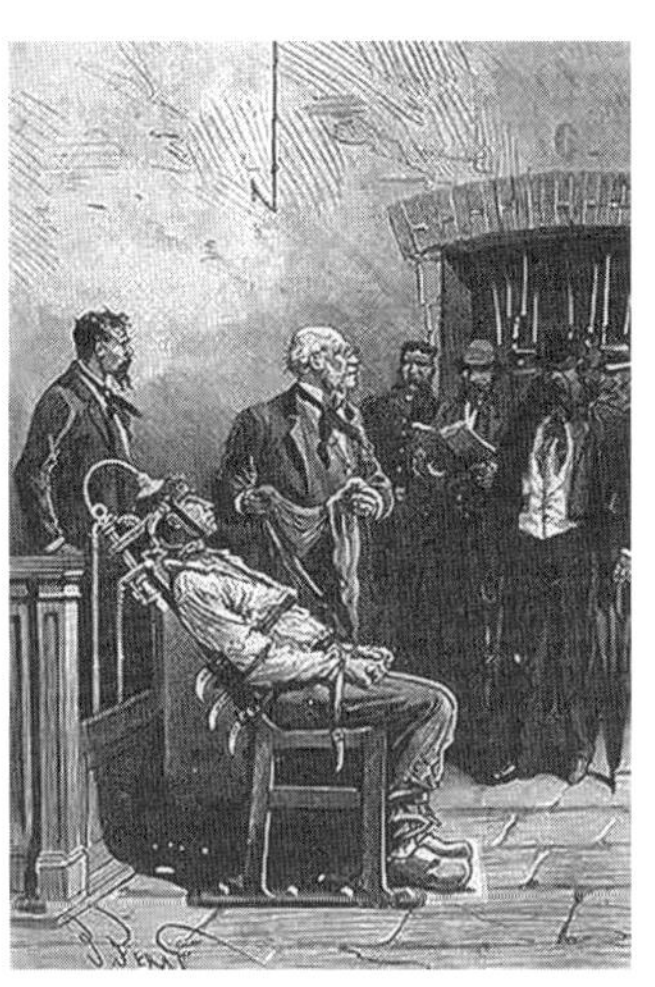
1890 年 8 月 6 日，初めて電気いすによる処刑が行われたが大失敗した．殺人犯，ウィリアム・ケムラーは 17 秒間の最初の電気ショックを生き延びて，2 回目に“感電死”させる必要があった．

マーク・エッシグが偉大な著書『エジソンと電気いす』で書いたように、電気いすはエジソンにとって他のすべての新しい機械と同様、その初期的欠陥を取除くために何回かの実験が必要だったのだ。ウェスティングハウスはこれに対してレポーターに語った。斧を使う方がよかっただろう、と。
一九〇五年、エジソンが電気処刑の質

問を受けたとき、次のように語った。自分の意見を変えておらず、死刑は「野蛮」だと考えているが、電気処刑は最速の方法なので最も人道的な処刑方法だ、と。

エジソンは自身が電気いすを発明したことを常に否定していた。しかし、エッシングによると、エジソンこそがその高い名声により電気いすの普及に大きく貢献したことに疑いはなく、彼がこの方法で交流に反対したおもな理由は、交流の危険性に関する深い信念だった。

一九七〇年代になるとアメリカで電気いすを処刑に用いる州は減少し、薬物注射に変わっていった。

今日、コンセントから流れてくるのは交流電流だ。交流は筋肉を強く収縮、発汗を招き、皮膚抵抗を低下させるために実際に直流よりも危険なのだが、交流電流が普及した。交流電流は電圧変換が簡単だったからだ。ウェスティングハウスの認識は正しかったのだ。

1911年 コカ・コーラ四〇樽の事例

一九一一年三月一六日、テネシー州チャタヌーガでコカ・コーラ社に対する裁判が始まったとき、ハリー・ホリングワースはまだ彼の実験データの分析に取組んでいた。裁判の結末がわかっていたら、証言のために徹夜で六万四〇〇〇回分の計測結果の分析などしなかっただろう。しかし、その木曜日に飲料メーカーはホリングワースの分析結果が裁判に緊急に必要だったと考えていた。

さかのぼることその二年前、政府の役人はチャタヌーガ近くでトラック一台分のコカ・コーラのシロップを押収して、健康を害する飲料水を製造・販売したとして会社を告発した。公式にこの裁判は

「コカ・コーラ大樽四〇個および小樽二〇個訴訟事件」とよばれた。

この背後には、農務省のハービー・ワイリーの存在があった。ワイリーはカフェインに対して強い嫌悪感をもち、自然食品のために戦っていた。彼はコカ・コーラに含まれるカフェインには毒性があり、中毒になると確信していた。

公判直前になって、コカ・コーラの役員たちは、カフェインが脳でどのような効果をもたらすか、その研究がほとんど行われていないことを知った。そこでホリングワースに広範囲に及ぶ実験を行うよう依頼したのだ。若い心理学者は飲料水の巨大メーカーのための仕事が自分の評判を永遠に傷つける可能性があることを十分に理解していた。しかし、彼は財政難に陥っていたうえ、妻レタを大学へ通わせたいと思っていたのでこの仕事を引受けた。その条件として、自分の名前を使ってコカ・コーラの宣伝をしないと確約させた。

かつてコカ・コーラは樽で運搬されていた．1909 年，この飲料水が健康を害するとして，アメリカの農務大臣がトラック 1 台分のコカ・コーラを押収した．

ホリングワースはマンハッタンに六部屋の住居を賃借りし、一九歳から三九歳の被験者を一六名募った。裁判開始五週間前に実験を始めた。被験者を朝七時四五分から夕方六時半までこの住居で過ごした。彼らが住居に居る間は集中力を繰返し計測し、彼らの知覚をチェックし、判断力を試問した。被験者が行ったのは、暗算、色の名前を答える、そして概念の反対のものを探すことだった。被験者にはカプセルが配られ、彼らはそれを服用した。そのカプセルにはカフェインかプラセボとして乳糖が含まれていた。テストではカフェインのグループとプラセボのグループの違いが示されると思われた。

三月二七日、ホリングワースは裁判へ出廷した。彼は図や表を示し、カフェインを穏やかな刺激薬に過ぎないと説明した。唯一の否定的な結果は、用量が多くなると時折睡眠障害の原因になることだった。彼が短時間で行った調査は今日でも徹底的で信頼できる研究のモデルとして評価されているが、裁判の結果には影響を与えなかった。

証人の聴取後、コカ・コーラ社は訴訟棄却の申請をした。カフェインはコカ・コーラの人工添加物の一つだという仮定に基づいていたからだ。カフェインは、お茶やコーヒーのようにコカ・コーラに必ず含まれる成分の一つなのだ。この論証に裁判官は同意し、「添加物」と言う言葉の意味に関する二五ページに及ぶ論文を加えた。何回もの控訴の後、この事件は最終的に最高裁判所でカフェインは添加物の一つだと決着し、チャタヌーガの裁判所への差戻しが指示された。この係争中にコカ・コーラはその成分を変えて、カフェインの含有量を半分にした。これによってもともとの訴えは無効になった。

ホリングワースにとってカフェイン実験は応用心理学におけるキャリア成功の道の始まりだった。彼の妻は専門教育を終え、夫よりも有名になった。カフェイン研究から、月経周期は女性の精神的能力に影響を及ぼさないことが示唆された。これは多くの男性が信じていたことと異なる内容だった。レタ・ホリングワースはこの事実を証明するために、コカ・コーラ実験の方法を再び利用した。現在、彼女の博士論文である『機能的な周期性——月経中の女性の精神能力および運動能力に関する実験』は心理学の古典の一つになっている。

乳児を対象としたあらゆる科学的な実験のなかで、女性小児科医クララ・デイヴィスのものは楽しい実験に数えられる。いずれにしても、論文で「アブラハム・G」として登場する八カ月児はこの実験に満足していた。実験初日の一九二六年一〇月二三日から毎食、三〇種類以上の食品から構成された一〇種類の料理と二種類の飲料がトレイに並べられて提供された。リンゴ、パイナップルのピュレ、トマト、焼いたジャガイモ、小麦粥、トウモロコシ、オート麦、ライ麦、牛挽肉の料理、骨髄、脳みそ、レバー、腎臓、魚のフレーク、タマゴ、塩、水、いろいろな種類の牛乳、そしてオレンジジュースなどが食事や飲料に取揃えられた。

小さいアブラハムは好きなように手を出して食べることができた。彼が小鉢の一つに手を伸ばしたり指で示すだけで、看護婦がその中身をスプーンで口まで運んでくれた。論文には、アブラハムはお行儀が悪いと言われたりマナーを直されることなく、自分の指を使ったり、ほかの方法で食べることが許されていたことが記録されていた。最初、彼は顔をすっぽりと小鉢へ入れた。

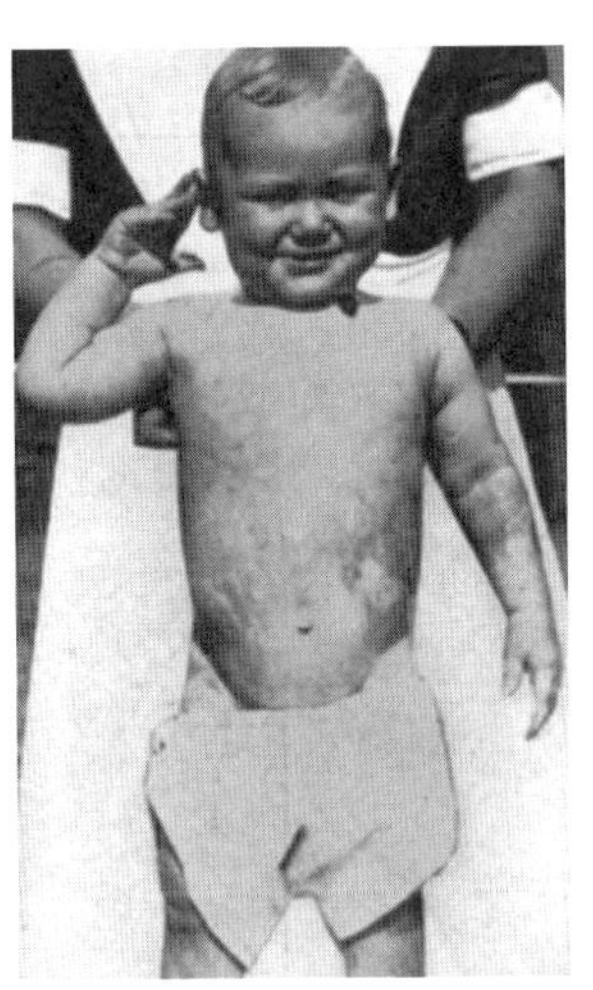

被験者の1人，アール・Hは生後15カ月だった．実験はアールやクララ・デイヴィスの実験を行った子供たちに楽園の国の生活を授けた．

アブラハムがどの料理をどれくらい食べたのか、デイヴィスは毎食後、正確にグラム数を量った。六〇グラムほどがよだれ掛けに付いたり、いすの下にこぼれていたので、その重さを差し引いた。

三年から四年かけて母乳から離乳食、大人の食べ物へ徐々に食事を変えていくべきだという古い見解を独特の食事の与え方でデイヴィスは否定したいと思っていた。実験では乳児は自分で選んだものを食べていたので、実験は他の栄養学の論争との関係でもしばしば引き合いに出された。人間を含む動物は本能的に自分の発達に最も適した食べ物を幅広い範囲の食品から選ぶのか、それとも生化学者が栄養分析をしてつくった食事計画に従うべきか?

一九二〇年代と一九三〇年代にシカゴで、デイヴィスはアブラハムのほかにも実験のために、六カ月から四歳半の孤児が十四人必要だった。結果はあまりにもセンセーショナルで、ジャーナリストは自問自答した。自分たちはずっとからかわれていたのだろうか。デイヴィスの子供たちは親や小児科医の言うことに従う必要はなかったが、まったく普通に成長した。子供たちに欠乏症状は認められず、腹痛も便秘もなかった。

どの食事も豊富な選択肢から子供たちの食べたい料理を選ぶことができた．子供たちはお行儀を注意されたり直されることなく手で食べたりできた．

数年後、三万七五〇〇回の食事が提供された後に明らかになったことは、子供たちが選んだセットメニューの違いがはっきりしていただけではなく、特定の食べ物への好みが明確にみられたのだった。バナナを四本立て続けに食べた子供や卵を七個食べた子供もいた。デイヴィスは三歳の子供が夕飯にラム肉を一ポンド、残さずに平らげた様子を動画に撮った。全般的に子供たちは当時の小児科医が勧めるよりも果物、肉、タマゴ、油脂を多く摂り、穀物や野菜の摂取量は少なかった。ある少女は三年に及ぶ実験の間、野菜を一キロちょっとしか食べなかった。ほうれん草は子供たちのほとんど全員が食べようとしなかった。同じようにキャベツやレタスも人気がなかった。

子供たちが選んだ食事の組合わせは栄養士にとって悪夢だった。デイヴィスによると、朝食はオレンジジュース半リットルとレバーを少し、というものもあった。栄養学的には滅茶苦茶に見えたものでも、正確に観察すると理にかなった食事だということが明らかになった。すなわち、タンパク質、脂肪、炭水化物は通常の値の範囲内だったのだ。

デイヴィスの実験はそれまで広く行われていた幼児食の与え方に重大な影響を及ぼした。子供は大人の食事を問題なく消化でき、しかも正常に成長した。標準化した食事が最適とは言いがたい。実験から神話も生まれた。それは、子供たちは与えられた食品からバランスのとれた食事を組立てる直感的な能力をもっている、というものである。

それは事実とは違うとデイヴィスはわかっていた。彼女が選んだものは、そう、加工をしていない、香辛料や砂糖を使っていない食品だけだったのだ。パンやスープやお菓子は選んでいなかったのだ。さらに彼女は加工食品を使った実験をもくろんだが、そのための資金は承認されなかった。今日ならば、ファストフード店で観察すればその答えが出せるだろう。

1927年 退屈な実験

トーマス・パーネルは忍耐強い人間だったに違いない。一九二七年の某日、オーストラリア、ブリスベンのクイーンズランド大学の物理学教授は熱いタールピッチを、穴を塞いだ漏斗へ注いだ。彼はまず、三年間待った。タールピッチはこの間に固まるはずだ。一九三〇年、彼は漏斗を開けて、再び待った。このときは一九三八年一二月にタールピッチの最初の一滴が塊から生成し離れて容器の下のカップへ落ちた。八年間、要した。

タールピッチは石油や石炭や木材から得られるタール類の物質で、かつてはたいまつをつくるときや船の防水に使われていた。室温ではタールピッチは石のように硬く、ガラスのように壊れやすい。とても液体には見えないけれど、この状態ではタールピッチは液体の性質ももっている。計算から、水の一〇〇〇億倍の粘度があると結果が出た。漏斗の下に落ちたタールピッチの滴は漏斗の中のピッチと同じように硬い。

最初の一滴から九年後、二滴目が形成され、一九四七年二月に分離して滴下した。その後、パーネルは亡くなり、一緒に実験をしていた人物の一人がこの実験を引継いだ。課せられた仕事は特に何もしない、というものだった。一九五四年四月、三滴目が落ちた。

一九六一年、物理学者ジョン・メインストーンが大学で仕事を引継いだ。その後五〇年間、彼は実験を監督し、その間にタールピッチは五滴作製された。

ピッチドロップ実験の大きな転機は実験開始から六〇年後のことだった。メインストーンには、一九八八年のブリスベン国際博覧会の機会に大学のパビリオンでこの実験を紹介するというアイディアがあった。そのとき以降、彼の作業時間の中で世界で最も退屈な実験のスポークスマンとして過ごす時間の割合がどんどん増えていった。厳密には、実験というよりもデモンストレーションで、タールピッチについて何か新しいことを見つけ出そうとしたわけではなく、既知の特性をわかりやすく実演するものである。

ジャーナリストがあちこちから電話をかけてよこし、テレビの撮影チームが飛び込んできた。二〇〇三年、タールピッチでいっぱいになった漏斗は世界で最も長く継続している実験室実験としてギネスブックに記録された。二〇〇五年、メインストーンとすでにこの世を去ったパーネルは最初人々を笑わせ、そして考えさせてくれる研究としてイグノーベル賞を受賞した。イグノーベル賞は奇妙な科学に贈られる人気のある楽しい賞だ。二〇〇六年、この実験は「インターネットの最も退屈なウェブサイト」というタイトルが贈られた。サウス・ダコタの国際お酢博物館のオンラインでプレゼンテーションされる直前のことだった。

物理学者，ジョン・メインストーンが1961年に実験の担当を引継いでから，タールピッチは5滴，(塊から) 分離した．しかし，このときも誰もその瞬間を見ていない．

実験にちなんで『ザ・ピッチ・ドロップ・エクスペリメント』と名乗るポップスグループが登場するのも時間の問題だった。マイスペースのウェブサイトで三曲の歌を発表した。その題名は『最初の一滴』、『二滴目』そしてご想像通り、『三滴目』だ。

この実験の知名度がこんなに上がったのに、これまでにタールピッチの滴が落ちるところを見た人物はいないことには驚かれるかもしれない。滴の落下までの待機時間は八年から一二年、しかし、滴が落下する時間は一〇分の一秒なのだ。デジタルカメラを漏斗に向けてセットしたが、二〇〇〇年に最後の一滴が落下したときには、ちょうどそのタイミングで機器が故障し、作動していなかった。

漏斗とタールピッチは最初、数十年間にわたって密封した箱に入れられていたが、その後は大学のパーネル棟のロビーに置かれている。空間の空調ができるようになると平均室温が低くなった。これがタールピッチの落下速度が遅くなり、滴が大きくなった理由の一つである。これによりメインストーンはひどい倫理上のジレンマに陥った。八滴目は二〇〇〇年一一月二八日に塊から離れた。滴はとても大きく、そのために落下距離が短かったので、滴は漏斗のタールから完全にはちぎれずに塊とつながっていた。新しい次の滴の邪魔にならないように塊とのつながりを切断すべきか、それともパーネルが始めた状態で実験を続けるべきか？　メインストーンは干渉しないことに決めた。

タールピッチは極端にもろく，ハンマーで粉々に割れるが，極端に粘り気のある液体のようでもある．

パーネルがなぜ八一年前に実験を始めようと思い立ったのか、メインストーンにはその理由を推測することしかできない。当時、物理の世界で量子革命が始まったのだった。おそらくパーネルが示したかったのは、古典物理でも目に見える現象と実際は異なることがある、ということだったのだろう。

この奇妙な実験は大学で行う値打ちはないという声は時折あがっていたが、このような声は長いこと聞かれなくなった。「大学が有名なのはほかならぬピッチドロップ実験のおかげだ」、とメインストーンは語り、五年後の次の一滴を実際に見られることを期待した。次のまたその次の一滴について訊ねられるとメインストーンは計算に取掛かり、こう付け加えた。いくらか問題をはらむようになるかもしれないね、と。このとき教授、七三歳。

1928年
つけ合わせは結構です

一九二八年二月二八日、ヴィルヤルマー・ステファンソンが実験を始めたとき、専門家らは、四、五日以上は持ちこたえられないだろうと予言した。かつての、あるヨーロッパの栄養専門家による実験で被験者は三日後に倒れてしまったことがあった。ステファンソンはそれでも計画を変えなかった。ヒトは自ら肉だけ食べたいと望む限り、肉だけで生きることができて健康を保てると確信していた。彼はイヌイット族への調査旅行で北極へ行った際に肉だけの生活をすでに実証済みで、大勢の医師の監視下で行うことになったニューヨークのベルヴュー病院B1部門での実験でも同様だ。それでも彼は実験後二日目には下痢になったが、それは医者たちが小さな意地悪を思いついたことが原因だった。

二〇世紀初め、すでに健康な栄養摂取に対する確固たる信念があった。その原則は、野菜と果物を多く摂取して肉を少なくする、というものだった。船乗りたちはすでに痛ましい経験をしていて、野菜や果物のビタミンCが欠乏すると、人間は壊血病を患うのだ（6ページ参照）。反対に過度の肉食はリウマチや高血圧を招き、腎臓へ負担をかけることになる。どんな人間も肉のみで生きることはできない。ステファンソンも一九〇六年、ハーバード大学の人類学の補助教員を辞して二七歳で北極へ出発する前まではそう信じていた。この実験の二二年前のことだ。

誰しも食において好き嫌いがあり、こともあろうにステファンソンは魚が嫌いだった。彼が魚を口にするのは年に一回か二回で、それも魚は不味いという自分の考えを確認するためだった、と後に記している。ステファンソンは最初の旅でイヌイット（エスキモー）のもとでの越冬を余儀なくされた。イヌイットはもっぱら魚を食べていた。もっともその土地で行っていたように、煮魚や生魚を食べる必要はなかった。女性が魚を焼いてくれ、彼は思いがけないことを経験した。「私の予想に反して、しかもほとんど私の意思に反して、焼いたシートラウトを好きになり始めた」。それだけではなく、彼は間もなく煮魚が好きになり、それから生の魚も好んで食べた。女性たちが魚の皮をバナナのようにむいてくれたのだった。

三カ月経ち、ステファンソンはイヌイットの食習慣をほとんど受け入れた。ただ発酵した魚だけはあえて食べようとしなかった。ある日、発酵した魚を試してみた。するとカマンベールチーズを初めて食べたときよりは悪くなかったと感じ、その数週間後には臭い魚も彼にとってご馳走の一つになった。

北極探検家（研究家）ヴィルヤルマー・ステファンソンと猟の獲物，アザラシ．肉のみの食事でも病気にならないことを疑っている研究者に証明するために，彼は１年間，肉以外は食べなかった．

北極への旅は規模がさらに大きくなり、彼は引続き参加していた。一九一八年、すでに五年間、もっぱら魚やシロクマ、アザラシやトナカイなど肉類を食べて生活していた。そして、米国の食品局の学者の一人に、肉のみの食生活について正確に調べるべきだと伝えた。さらに彼自身、肉だけを食べ続けても問題はなかったと付け加えた。ステファンソンはこのとき、肉の科学的な定義を示した。魚もその中に含まれていた。

調査旅行のためになかなか検査の時間がとれなかったが、一九二六年になって彼はやっと検査を受けることができた。研究論文『長期間、肉のみ摂取し続けることによる影響』で、ステファンソンは過度の肉の摂取により想定される悪い影響を受けることはなかったと医師たちは結論を出した。

それでも専門家たちは疑い続けていた。専門家の何人かは、肉のみの食事で害がなかったのは極端な気候条件下においてのみだ、と推測した。また他の専門家は、自然に囲まれた状態で身体的に大きな負担があれば偏った食生活も許容されるのだろうと信じていた。米国の食肉加工業者協会は好意的に反応した。この論文を医師や栄養士へ大量に配ってよいか許可を求めてきたが、ステファンソンと関係した医師たちはそれを拒んだ。その代わりに次の提案をした。彼らが平均的な米国の都会人のためにも肉のみの食事が健康的かどうか解明する実験に資金を出したなら、その結果は自分たちの目的に利用しても構わないとしたのだ。

こうしてステファンソンは一九二八年二月一三日、ニューヨーク・ベルヴュー病院で実験に取掛かった。最初の二週間、医師たちは彼の代謝の基礎データを集めた。彼は果物、野菜、穀物、肉のミックスした食事を摂り、それから三時間、呼吸代謝をモニターするガラス製の棺のような熱量計に横になり、体温やその他の値を測定した。その値から体内プロセスを推測する。この実験をステファンソンは特に煩わしいと感じていた。「私たちは読書も許されなかった。そしてさらに特別に快適なことや不快なことを考えないようにとさえ注意された。思考や感情が身体を熱くしたり冷やしたりする可能性があるからだ」。

そもそもステファンソンは実験を一人で引受けたいと思っていたが、自分がトラックに轢かれる可能性がある。もしも轢かれたならば、いろいろなものを口にする通常の人やベジタリアンたちは、注意や活力が欠けていたから轢かれたんだと解釈し、単調な食事や肉に含まれた毒が原因だというだろう。そこで彼は探検隊のかつての同僚、カルステン・アンデルセンを二人目の実験協力者として参加するよう説得した。アンデルセンは若いデンマーク人でフロリダに暮らし、野菜たっぷりの食事を優先させていた。ステファンソンは明らかにアンデルセンの食事を評価していなかった。それは、アンデルセンは常に風邪をひいていて、髪は抜けて腸内に中毒の問題を抱えていると彼が付け加えたことからわかる。もっとも、このようなケースではどんな医者も肉は食べないように、と言うだろう、とステファンソンはわかっていた。

二週間の通常食の期間を経て、二月二八日に本来の実験が始まった。ステファンソンとアンデルセンの食事は肉だけになり、昼も夜も監視された。隠れてサラダやリンゴをごちそうになっている、と二人を責めることは誰もできなかった。電話さえ監視されていたのだ。

アンデルセンはカツレツ、調理したリブ、トリ肉、レバー、ベーコン、魚を好きなように食べた。デザートに骨髄を少し食べた。ここでちょっとした悪戯（いたずら）が仕組まれ、アンデルセンと対比するためにステファンソンには脂肪の少ない肉が出された。このために彼は二日目にやっかいな目にあうことになった。下痢や倦怠感が始まったのだ。北極でも脂肪の摂取量が少なすぎたときには彼は同じような目に遭っていた。脂身の多いステーキやラードで炒めた脳みそを食べればこの問題は乗り越えられることを彼はわかっていた。

医者たちが驚いたことに、肉の食事はそれまで想定していたほどタンパク質の量は多くなかったが、脂肪分が特に豊富だった。ステファンソンとアンデルセンは一日約一と三分の一ポンドの脂肪分の少ない肉と半ポンドの油身を食べた。脂肪は彼らのエネルギーバランスの四分の三をカバーしていた。

ステファンソンは三週間後に病院を出た。ニューヨーク以外の場所で予定があったのだ。アンデルセンは三カ月間厳しく監視されながら病院で過ごした。彼らはその後も肉のみで生活した。肉食を丸一年間続けた。アンデルセンに至ってはこの食事で重い肺炎も克服した。本人は抜け毛もなくなったと主張している。それから彼らはもう一度、徹底的に検査を受けてから混合食へ戻った。最終段階でトラブルを抱えたのはアンデルセンだった。医師は彼に一週間、毎食気分が悪くなるまで脂肪のみ与えた。驚いたことにアンデルセンの脂肪食の期間以外は、二人とも果物や野菜を食べたいと思わなかった。さらに驚いたことに、ステファンソンとアンデルセンは脂肪分の多い食事を摂っていたのに約二キロ体重が減ったのだった。

一九七二年に米国の心臓専門家が『アトキンス博士のダイエット改革』という勿体つけたタイトルの本を発表しなかったら、実験は単なる医学の奇妙な実験の一つとみなされ、注目されることもなかっただろう。ロバート・アトキンスは、肥満の原因は脂肪過多ではなく炭水化物過多だと確信していた。ベーコンエッグ、脂っこいステーキ、そして濃いクリームチーズははっきりと許され、ジャガイモ、コメ、砂糖、その他の炭水化物を多く含む食事が禁じられた。

アトキンスのダイエットは現在話題になり、いつも熱く議論されている。彼のダイエット法により実際に体重は落ちたといわれている。しかし、長期的なダメージを恐れる必要があるのか、その理由が何なのか、はっきりしないままである。ステファンソンは彼の肉の食事をダイエットとして提案することは考えていなかったが、今日ではアトキンスのダイエットと一緒に語られる。

アトキンスのダイエットには緊急にこのダイエットを擁護する新たな伝道者が必要である。アトキンスは二〇〇三年四月、ニューヨークの氷に覆われた道路で転倒し、その後に死んだ。責任医療のためベジタリアン関連医師委員会は後に、彼の死亡時の体重はなんと一一七キログラムもあった、と公表した。一方、肉食を好んだステファンソンの晩年の体重は、誰も知らない。

1932年
不平等な双生児

ジョニーとジミーは一九三二年四月一八日、この世に生まれた。安産だった。最初にジョニーが生まれたが逆子だった。一六分三〇秒遅れてジミーが頭から生まれた。母親のフローレンス・ウッズは三二歳で、すでに五人の子供がいた。彼女の夫はニューヨークでタクシー運転手として働いていたが、五人の子供を養うには彼の収入は十分ではなかった。家族は社会保障に頼って生活し、ニューヨークのアムステルダムアヴェニューの住まいに暖房もなかった。

そのために、ウッズ夫人は奇妙な実験の申し出を天国の贈り物と感じたに違いない。マートル・マグロウという名の女性心理学者はジョニーとジミーに関する研究で特別な訓練がどのように子供の運動能力の発達に影響を及ぼすか、調査したいと思っていたのだ。このプロジェクトでは双生児を週に五日間、九時から五時までマグロウが世話をするか、または保育所で過ごすことが求められた。つまり最高の環境の無料託児所で過ごせるのだ。そのうえ、ジョニーとジミーは将来コロンビア大学の奨学金が約束されていた。

マグロウはニューヨークのコロンビア・プレズビテリアン・メディカルセンターの乳児科で子供の発達について研究していた。彼女はたとえば、乳児を水の中に入れると生後数カ月で本能的に息を殺して生まれながらの潜水反射を示すことを発見した。特に関心を寄せた問題には次のようなことがあった。はっきりした目的をもったトレーニングは子供の運動能力の発達時期に影響を与えるだろうか？

心理学者のアーノルド・ゲゼルのような著名な科学者たちは子供の運動能力は自然が定めたパターンに従い発達し、そのパターンのスピードが速くなることはないという説を唱えていた。マグロウはこの説に納得していなかった。そして、幼い頃のトレーニングの効果をテストする方法を考えていた。

最も簡単な方法は、二人のまったく同じ乳児に異なる特別な訓練を課してその効果を観察するというものだった。そのような、生まれつきの性質がまったく同じということはないが、一卵性双生児はこの前提条件にかなり近かった。一卵性双生児は同じ遺伝情報をもっている。一卵性双生児の成長が異なる場合は、その原因は双生児の生来の性質ではなくて、たとえばマグロウの特別な訓練などの環境の影響に起因していると考えられた。

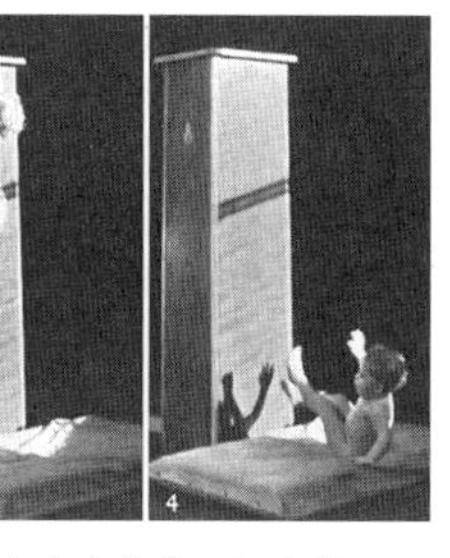

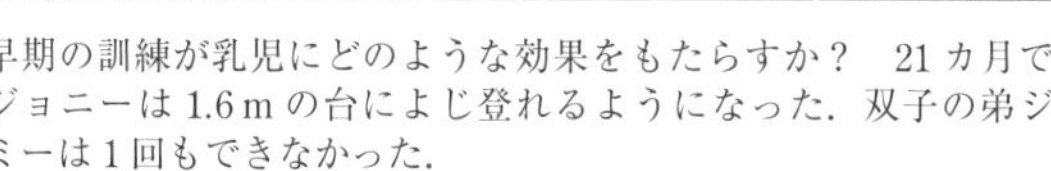

早期の訓練が乳児にどのような効果をもたらすか？　21カ月でジョニーは1.6mの台によじ登れるようになった．双子の弟ジミーは1回もできなかった．

どんな状況でウッズ夫人とマグロウが初めて出会ったのかは知られていない。一九三二年の冬だったと思われる。ウッズ夫人が妊娠七カ月目に双子を宿していると聞いた後のことだった。マグロウは彼女に、実験の流れを説明した。出産後二〇日目から双生児のうち一人には厳格な訓練を行い、もう一人はその訓練を行っている時間を託児所で過ごし、与えられるおもちゃは二個までに限定する。一定の間隔で行われたテストで訓練の効果が示される、というものだった。

ジョニーは出生時に発達が遅れていて体重もジミーよりも少なかったので、マグロウはジョニーに特別な訓練を課すことにした。ジョニーは水泳のレッスンを受けて、障害物を登ったり飛び降りたりする練習をして、箱を積み重ねることを学んだ。効果はすぐに現れた。一五カ月で一・五メートルの高さの飛込み板から伸び型飛び込みを行い、一七カ月で四メートル水中で泳ぎ、二一カ月で高さ一・六メートルの台によじ登り、そして二二カ月で角度七〇度のきつい傾斜を這い上がって行った。

あらゆるパフォーマンスのなかで、一番驚かされたのはジョニーのローラースケート技術だ。一九三四年の米国心理学会会議でマグロウはジョニーがローラースケートを履いてクリニックの廊下を走りまわった映像を紹介した。ジョニーにローラースケートを履かせて彼のバランス能力を判断するというアイディアをマグロウは後に大きな誤りだったと述べている。いや、方法が誤りだったのではなく、乳児にローラースケートを履かせて、ジャーナリストに美味しい餌を与えてしまったことが誤りだったのだ。

ローラースケートを習うには生後七カ月がベストの年齢だ、と『リノ・イブニング・ガゼット』紙は説明し、『ニューヨーク・タイムズ』紙は、訓練を受けた子供が自らの優越性を証明した、と記した。実際に初期の結果はトレーニングの効果を証明しているように思われた。

双生児が二二カ月になったときに、同じ形態での実験を引続き実施することはできなくなった。ジミーはつねに駄々をこねて、制限された遊びの環境に不満を募らせていった。集中プログラムでジミーは次の二カ月半の間に、ジョニーが生まれてから習ったことをすべて伝授された。驚いた結果が出た。ジミーはすべての部門で実際にジョニーに追いついたのだった。その後二人は自宅で暮らし、一〇歳になるまで定期的なテストのためにクリニックへ通った。

今日、主導的な教科書では、マグロウは「成熟理論」の信奉者といわれている。彼女の実験は、学習意欲は最終的に遺伝的にコントロールされて、早期の訓練は最終的にメリットがないことを明らかに示

ジョニーが行った多くの実験の一つ．もともとはサルの知能を確かめるテストだった“狂気の科学”，68ページ参照）．

した。子供が成熟するのを待つしかないのだ、と。

マグロウの考えでは訓練を早期に開始することに効果があるのか、一般的に通用する結論は出せないので、彼女はこの点で誤解されたと感じた。異なる能力は一つ一つまったく異なる形で保存されたり失われたりするものだからだった。ジョニーが大人になると身体の調整能力は優っていることが見て取れた。彼の身体状態はトレーニングによるものだとマグロウは個人的に確信していた。

報道陣は実験に対して初めから独自の解釈をしていた。一九三三年総合週刊誌『リテラリー・ダイジェスト』は「ジョニーはジェントルマン、ジミーは愚か者」とタイトルを付けて、双生児の知性と個性をほのめかした。マグロウが研究で問題の中心に置いていたのは運動能力の成長のみだったのだが。

ジャーナリストたちはあっという間に研究への関心を失った。それは、たとえば、生来の性質と教育のどちらが重要かなどの問題に、単純な答えを出せなかったからかもしれない。多くの記事は、児童教育心理学の有効性を疑問視した。標準的なジミーが特別に教育を受けたジョニーの上に立つ、とある新聞は記し、また別の新聞は、スーパーベビーは双生児の標準的な方に支配される、と書いた。専門家は理論を打負かされ恥ずかしい思いをした、と記事に書かれた。これらの記事の背景にはジョニーの方が賢いかもしれないが、家ではジミーが発言権をもち、ジョニーを働かせたという事実がある。ジミーは管理職として適しており、ジョニーはその部下の有能な専門職員のようだ、と新聞は書いていた。

ビジネス界との比較は学術的にはもちろん取るに足らないことだった。しかし、マグロウ自身、ジョニーの特別な訓練では大家族の中の厳しい環境を考慮した準備が不十分だった、と語っている。さらに、両親が自宅ではジミーに同情してジョニーよりもジミーの方をサポートすることを防げなかった。

ジャーナリストたちはジョニーとジミーの家を訪ね、毎年彼らを誕生日のお出かけとしてサーカスへ同伴した。双生児が七歳で学校へ通い始めると、『ニューヨーク・タイムズ』は記事にした。ジョニーは初期幼児期から科学的な訓練を受け、観察されていた。その前日、彼は「学校は大嫌いだ！」と叫んだ。科学に対する復讐だった。

ジミーは非民主的な実験で負け犬のように扱われた、と多くのメディアは考えて、ジミーを支援しようとした、とペンシルヴェニアのエリザベスタウン大学の科学史家のポール・M・デニスは記した。彼はマグロウの実験に関するメディア報道を調査した。

取上げるべき決定的な問題をジャーナリストたちは失念していた。そして、マグロウは明らかな理由からこの問題に関してあえて彼らの注意を引こうとはしなかった。生まれてから数カ月後にジョニーとジミーは身体的にあまり似ていないことが明らかにわかった。一卵性双生児ならば当然似ているはずなのだ。マグロウはすでに研究論文で二人は二卵性双生児の可能性があると述べていた。現在、二卵性双生児だったことは間違いないと考えられている。

一九三二年の時点で双生児の状態を確実に調べる方法はまだなかった。一卵性双生児は、双生児が一つの胎盤に付着することにより一卵性双生児とみなされていた。ジョニーとジミーが生まれるときにもこの点に注意したが、二人の場合はおそらく二つの胎盤が一つになって一緒に成長したのだろう。そのことに気付かなかったのだ。研究の主目的は遺伝子と環境の影響を区別するということだったが、目的は果たせなかった。後にマグロウは第二の実験をフローリーとマギーという二人の少女で行った。二人は間違いなく一卵性双生児だった。この研究の結果はどこにも見つけられない。

マグロウは、一九四二年までコロンビア・プレズビテリアン・メディカルセンターで勤務し、その後、一〇年間は彼女の家族のために時間を捧げた。その後はある大学で教鞭をとった。一九八八年彼女はこの世を去った。ジョニーとジミーについて詳細を知ることはほとんどできない。マグロウのかつての共同研究者だったビクター・W・ベルゲンによると、ジョニーは一九八〇年に亡くなったそうだ。ジミーはまだ、健在らしい。本当だとすれば、二〇〇九年現在、七七歳だ。

1932年 結婚宣誓時の血圧

シカゴの二一歳のハリエット・ベルガーとリバーサイドの二四歳のヴァーツラフ・ルンドは誓いの言葉を述べるために選んだ場所は普通ではありえない場所だった。イリノイ州エバンストンにあるノースウェスタン大学の犯罪捜査研究所だ。一九三二年六月、『シボイガン・プレス』や『デイリー・インディペンデント』や他の多くの新聞に掲載された式の写真にはカップルと牧師の横に第四の人物が写っている。電気機器のボタンを操作している背広姿の若者だ。その電気機器はケーブルとホースで新郎新婦とつながっていた。チャーリー・ウィルソンはこの新しい装置の使用に関する専門家だ。この装置は後に

「うそ発見器」という名前で知られるようになるはずのものだった。

　このうそ発見器は脈拍数計と血圧計を組合わせたもの以外の何ものでもなかった。この新しい技術を主張する人たちはこの値からその人がうそをついているか読取れると信じていた。しかし、その方法はまだ確立していなかった。確立していなかったことも、新郎新婦がこのような無粋な状況で結婚式をあげた理由だった。ウィルソンとその上司レナード・キーラーはうそ発見器の宣伝のためにあらゆる機会を利用した。二人の推測は適切で、異様な結婚式を見逃すような新聞はなかった。

　ベルガーとルンドが了承の意思を表明した理由が、この研究者らと親交があったからなのか、それともウェディングケーキの代金を彼らに支払ってもらったからなのかはわからない。いずれにしても、うそ発見器が結婚したばかりのカップルの互いの愛情を証明した、とウィルソンは発表した。運命的な言葉、「誓います」と言ったときに新婦のベルガーの心臓はほぼ停止したことが測定値から読取れた。新郎のとき、ウィルソンはより正確に観察し、反応を確認する必要があった。新婦の血圧は結婚式の間、絶え間なく上がり、新郎の血圧は下がった。最終的にウィルソンは、ルンドが結婚の誓いを述べたとき、血圧が上がったことを発見した。『ニューヨーク・タイムズ』によると、このカップルへ婚姻証明書付きのうそ発見器の記録が交付されたということだ。

　結婚生活を送る中で、うそ発見器のテストがさらに行われることが祝福になるかどうか疑わしい、とジャーナリストは書いていた。旦那が真実を守り続ける必要がある場合、幸せはとてもはかないものになるだろう。新しい帽子や新しい服、それにお手製のクッキーのクオリティーのことで不愉快な真実を耳にしたいと思っている妻がいるだろうか？

　うそ発見器にうそを認識する能力はなく、「犯罪者」のうそが露呈するのではないかという不安を利用していることは当時すでに推定されていて、後には学術的に品よく利用された（124ページ参照）。

1932年
くすぐるⅠ——お面着用厳守

三〇センチメートル×四〇センチメートルのボール紙に目の穴をあけたお面で顔を隠し、父親が子供をくすぐろうとしている。一体なぜそのようなことをするのだろうか

米国、オハイオ州イエロースプリングスのアンティオークカレッジの心理学者、クラレンス・ルーバは、笑いの研究に大きな欠陥があることに気付いた。彼によれば、それまで笑いの実験は成人に限られていた。また、アプローチは観察ではなく思案と理論だった。さらに、目一杯くすぐることもなかった。この三つの不十分な状況から彼の研究が生まれた。乳児をくすぐる実験だ。もっとも、幼稚園へ通う前の子供たちは、集団生活を始める前で、通常は家庭で生活しているので、実験用に自宅の環境を調節してもらえない。それで、ルーバは自分の四番目と五番目の子供を使って実験を行った。

すべてがとても奇妙に思えるし、おそらく実際に奇妙なのだが、ルーバがこの実験により完全に解決しようとした問題はまじめなものだった。くすぐられるとなぜ笑うのかという疑問だ。研究者たちは長い間この疑問に取組んでいた。しかし、子供がくすぐられると笑うことを学ぶ可能性は研究されていなかった。つまり、子供がくすぐられて笑うようになるのは、多くの場合、楽しい状況でくすぐられるからなのだ。魅力的なテーマだ。この関係は餌を与えられるときにいつもベルが鳴るため、ベルの音で唾液が出るようになったパブロフのイヌと比較できるかもしれない。

この問題の答えを見つける方法は一つだけだった。赤ちゃんをくすぐるときに他の人が笑っているの

が見えたり聞こえたりしないようにすること。またくすぐっているときは面白いことをして笑わせないことだ。言い換えると、くすぐることと笑いの間に関係があることを絶対に気付かせないこと。このような状況を排除しても笑い始めたならば、くすぐることと笑いの関係は生まれつきのものだといえるだろう。

彼が、厳密にコントロールされたくすぐりフェーズ以外には子供たちを決してくすぐらない、と妻に同意させて、初めてこの実験の開始が可能になった。

幼いロバート・ルーバは一九三二年一一月二三日生まれ。生後五週間、父親は初めて段ボールの仮面をつけてロバートの前に現れて、ロバートをくすぐった。ロバートは向きを変えて身をよじらせたが、表情は変えなかった。七週間後、九週間後、一二週間後、仮面をつけた父親がくすぐっても顔の表情は変わらなかった。この頃、他の遊びをしているときは笑い始めていた。一三週目に、ロバートの小児科医がこの実験をほとんど台無しにした。ロバートは大声で笑い始めたのだ。カリパス（コンパス型の計測器）でロバートの胸に触れたのだった。するとロバートは大声で笑い始めたのだ。ルーバが仰天したことに、実験時の決めごとに反して医者は顔を隠していなかったのだ。もっとも、このとき、医者の顔は完全に無表情だった。後にルーバが記しているように、ロバートがこの状況で医師から笑いを学んだとみなすことは不可能だった。一二回のくすぐりセッションが終わったとき、ロバートは生後三一週間を迎えていて、くすぐられると初めて自発的に笑うようになった。

ロバートの四歳下の妹が同じ手順を経験し、約半年で彼女もくすぐられると笑い始めるようになった。くすぐることと笑うことの関係はこれによると生まれつきのもののようだ。しかし、これは多くの謎の一つにすぎず、くすぐりの研究にはまだ解決すべきことがある。（135および191ページ参照）

1933年 増えるシロップの謎

ジャン・ピアジェの実験は、科学的で、しかもいつでも自宅で繰返すことが可能な数少ない偉大な実験である。実験に必要なのは、シロップの入った水差し、コップ数個、そして四歳から八歳の子供数人だけだ。

ピアジェの女性スタッフ、アリナ・シェミンスカが一九三三年初めて実験を行ったとき、実験に参加した子供のなかにマドレーヌという五歳の女の子がいた。シェミンスカは同じ二個のコップに半分水を入れて、マドレーヌの前に置き、こう尋ねた。「このコップには同じ量の水が入っているわね?」マドレーヌは水の高さを確かめた。「うん」

シェミンスカはそのうち一つのコップの中身をルネ用の二つのコップに移し変えて訊ねた。「飲み水はまだ同じだけあるかしら?」

「いいえ、ルネの方が多いわ。だってルネはグラスを二つ持っているから」

「じゃあ、同じにするにはどうしたらよい?」

「私も二つのコップに注ぎ直すわ」

マドレーヌは自分のグラスの中身を二つのグラスに移し変えた。「二人とも同じだけあるかしら?」

マドレーヌはしばらく四つのグラスを観察した。「ええ」

そこでシェミンスカはルネの青いジュースを三つのグラスに、マドレーヌの赤いジュースを四つのグラスに分けた。マドレーヌは自分のジュースの方が多いと確信した。シェミンスカが液体をもともと入っていたグラスに戻すと同じ高さになり、マドレーヌは混乱した。「どちらの量も同じだわ」

どちらのコップのシロップの量が多い？ 小さい子供は水面の高さが高い方のコップに入っている液体の方が多いと推測する．このとき，コップの直径の大きさは重要ではない．まだ意識していないのだ．

「どうして？」

「誰かが少し注ぎ足したんだと思うわ。それで同じになったの」

シロップを複数の器に入れるとそのつど、シロップの量が変わっていたとマドレーヌは明らかに信じていた。彼女はピアジェが量の保存と名付けた概念をまだ、習得して自分のものにしていなかった。何かが複数に分かれたり別の形に変わっても、突然に量が多くなったり少なくなったりすることはない。

複数のグラスを使った実験やその他の多くの独創的な研究でピアジェは子供の思考の発達に関する理論の基礎を築いた。彼は段階的にこのプロセスが進行すると思い描いた。子供はある特定の年齢でそれぞれの段階に到達し、典型的な誤った考えでそれを認識することができる。

前操作段階（二歳から七歳）では、子供が物ごとを判断するとき、自分の知覚が強く働く。たとえば液体を移し変えるような一定のプロセスを逆の手順でも行えることがこの段階ではまだ理解できない。具体的操作段階（七歳から一二歳）で子供は理論的な規則に従って考え始める。何か加えたり取去らなければ量は変化しないことを子供はこの時点でわかっている。また同時に複数の特徴を観察できる（コップの数、各グラスに入った少量のシロップなど）。

一九二〇年にピアジェが生後一〇カ月の乳児が遊ぶ様子を観察したことからすべて始まった。ピアジェはこのとき二四歳、パリに滞在し、知能検査の標準化に取組んでいた。彼はフランス人の祖母の家に住んでいた。ある日の午後、祖母のところへ乳児が訪ねてきた。彼はその子がボールで遊ぶ様子を観察した。ボールはいすの下へ転がった。その子はボールを探し、見つけるとボールを再び転がした。ボールは奥行きがあるフリンジ付きのソファーの下へ消えた。ボールの姿はすっかり見えなくなった。すると彼はつい今しがたボールを見つけたいすの方へ身体を向けたのだ。大人にとって乳児の行動は不合理なことだが、ピアジェにとって子供の推理の誤りは知識の有益な情報源になった。

乳児はボールが見えなくてもボールがまだ存在していることを、明らかに習得していなかった。ピアジェはちょうどその日の朝、フランスの数学者アンリ・ポアンカレの群における不変性について学んでいた。この赤ちゃんには、対象の永続性の概念が欠けていた、という考えが頭に浮かんだ。「対象の永続性」とはピアジェが名前を付けたものだ。

ジュネーブ大学ピアジェ・アーカイブ館長のジャック・ヴォネーシュによると、ピアジェはそこから、それが発達の通常の段階であるという結論が出せなかった。むしろピアジェは、子供には精神的に障害があると思っていた。彼がそのしばらく後にサルペトリエール病院でてんかんの子供を観察したときにも、子供たちの行動を間違って解釈した。子供たちはビーズの列の長さが異なるときは二列のビーズの数を同じだとみなさなかった。ビーズの実験でてんかんの診断方法を見つけたとピアジェは信じていた。

一九二一年、ピアジェはジュネーブのジャン=ジャック・ルソー研究所の主任研究員になったが、自分のプロジェクトに専念できたのは短時間だった。一九二五年から一九三一年の間に彼の三人の子供たち

珍しい風景．ジャン・ピアジェ，子供たちと共に．彼は自分の実験を自ら行うことはほとんどなかった．

が生まれ、この子供たちで多くの小実験を行った。一九三三年になると、シェミンスカにビーズの列の試みをさらに正確にテストするように依頼した。ヴォネーシュによると、ピアジェ自身は子供たちとの関係がよいわけではなかったのだ。

彼が驚いたことに、てんかんの子供だけが実験に騙されたのではなかったことが判明した。実験ではシェミンスカがビーズの列の間隔をあけたり、きっちりつめて並べたりして列の長さを変えた。六歳くらいの子供たちのほとんど全員がビーズの数は異なると信じたのだ。シロップの実験のときと同じように、子供たちには量の不変性の概念が欠けていたのだ。

ピアジェはそのほかにも多くの課題を考え出し、この課題でさまざまな発達段階を突き止めた。彼の同僚、ベルベル・インヘルダーは同じ大きさの二個の粘土玉を使って量の不変性実験を行った。この実験では粘土玉の一個を長いソーセージ形に変形した。この実験でも、子供は形を変えたことで粘土の量が少なくなったと信じた。

一九五〇年代、一九六〇年代には米国の研究者たちがピアジェの量の保存の実験を繰返し行った。ピアジェは気をもんだ。彼の研究は純粋に定性的で、個々の事例だけで理論を支えたのだった。彼は厳密な科学的研究が好きではなかった。標準化した実験方法も対照群も統計もなかった。

ピアジェは英語を話さなかったので、当時のスタッフ、ヴォネーシュに米国の研究者たちは連絡を取り、実験の結果を尋ねるように頼んだ。最初の研究はピアジェの実験の複製で、同じ結果で完了した。しかし、すぐに他の研究者たちが実験を批判し、変更を加えた。

子供たちがどのように言語を理解しているかが一つの問題だった。五歳の子供が「〜よりも多い」や「〜よりも少ない」という言葉を大人と同じように理解したのか？ ピアジェの方法で絶え間なく問い返されると、答えを変えるようにせっつかれているような感覚になる可能性もあると考えられた。子供たちは答えを変えることを期待されていると信じてしまうからだ。

一九六〇年代終わり頃、米国の心理学者たちは修正したピアジェ実験で言葉に関する理解力の問題を克服しようと試みた。彼らはM＆Mチョコレート六個の短い列と四個の長い列を隣同士に並べて置いた。子供たちにはどちらの列の数が多いのか聞く代わりに「この二列から食べたい列を選んで、その列のチョコを全部食べなさい」と言った。そして驚いたことに、子供たちは粘土玉を使った同じテストよりもずっとよい成果を収めたのだ。

その後に行われた実験では、スコットランドの研究者たちは子供たちが検査官から受ける影響について調べようと試みた。最初の実験を彼らは従来通りの方法で行った。机に同じ数のビーズを二列並べて、この両方の列のビーズの数は同じか尋ね、それから片方の列のビーズを動かして間隔をつめて、もう一度同じ質問をした。

続く実験では、検査官が一瞬眼をそらしたときにテディベアがビーズの間隔をつめた。彼が変化に気づくと「あぁ、なんてことだ。馬鹿なクマちゃんがまたすべてをめちゃくちゃにした」と言い、質問をした。「多いのはどっち？」このケースではほとんどの子供たちはビーズの列の長さの違いに惑わされずに正しく答えることができた。

その理由を研究者は検査官の意図の違いにあると推測した。二番目の質問は正直だった。検査官はクマが何をしたのかわからない。一番目の実験では検査官自身が列を変えていた。列を動かした検査官本人がなぜそのような質問をするのか、子供にとっては謎だったに違いない。

ピアジェの実験は心理学では最も重要で最も独創的な実験だ。もっともこの実験から子供たちの考え方について正確に何が確認されたのか、今日まで議論が続いている（ピアジェの他の斬新な実験については70ページ参照）。

1935年 愚か者から天才をつくる

一九三〇年代初頭、アイオワ州の著名なカップルがダベンポートの軍児童養護施設から乳児を養子に迎えた。後に、子供には重い精神障害があることがわかると、養父母は訴えると脅した。行政機関は裁判をうまく回避し、両親との和解に成功した。その後にこのような事例を避けるために、心理学者ハロルド・M・スキールズに施設ですべての子供たちの知能を定期的に計測するように委任した。

検査の結果に基づいてふさわしい子供を提供し、それにより精神的に未発達の子供が上流家庭で重荷として悲しい思いをすることを避けるためである。これは一九四一年「アイオワ大学児童福祉研究所」に関する書籍に書かれた一節だ。スキールズは大学で、ヒトの知能はおもに遺伝し、人生の過程で変化することはほとんどないとする当時の一般的な学説を教えられていた。

彼が施設に着任すると、すぐに施設にいる二人の子供に精神障害があることがわかった。後に彼の有名な研究論文でイニシャルC・DとB・Dと紹介された二人の女の子は、生後一三カ月と一六カ月で、知能指数は四六と三五だった。通常の知能指数は一〇〇である。

子供たちは同情すべき人間だったとスキールズは後に書いている。彼らは泣き虫で鼻たれ、髪は薄く、ボサボサでつやがなかった。二人はやせ衰え、この年齢としては小さすぎて、筋肉はほとんどなかった。動作が鈍く一日中悲しそうに上半身を揺らしてめそめそ泣いていた。

間違いなく誰もこの女の子二人を養子に迎えることを望まないだろう。スキールズはテストが終わってから二カ月後にウッドワードの知的障害者の学校へ移した。二人は一八歳から五〇歳の精神障害のある婦人の中で生活することになった。ここの女性の精神年齢は五歳から九歳だった。

これでこの話は終わり、スキールズが大胆な実験のアイディアを思いつかない可能性もあった。しかし、この心理学者は六カ月後、ウッドワードに立ち寄ると、彼はこの子たちを再び認識することがほとんどできなかった。二人は元気に走り回り、大人たちと遊び、他の点でも普通のこの年代の子供たちと同じように行動していた。スキールズはテストを行うと、運動能力だけではなく知能指数もほぼ二倍になっていた。半年前に彼が施設で知的障害者として人生を送ることになると予言した、あの女の子たちなのか？　何が起こったのだろうか？

調査により、二人の障害者施設への転入が事態を好転させたことが判明した。二人のほかに就学前の子供は施設におらず、女性たちは彼女たちに夢中になった。そのなかの一人が母親の役を引受け、他の女性たちは愛情豊かなおばさんとして立ち振る舞い、一日中二人と一緒に遊んだ。職員たちも彼女たちを誇りに思っていた。職員らは女の子たちを自分の自由時間に遠足へ一緒に連れて行き、買い物をしたり、本やおもちゃをプレゼントした。愛情にあふれて陽気に二人の世話をしたことは明らかだった。みんながこのように接したことが子供たちを無気力状態から救い出した。

しかし、スキールズは疑い続けた。劇的な効果は持続するのだろうか？ 彼は二人の子供をウッドワードに残して、新たに一二カ月後と一八カ月後にテストした。同じ結果だった。子供たちはごく正常に発達した。精神障害の痕跡はなかった。二人は三歳半になると、短期間孤児院に戻り、それから養子になった。

スキールズが女の子たちを観察していた時期に、彼女たちの劇的な進歩が何を意味していたか、彼は気付いたに違いない。孤児院で暮らしている、一見遅れていて、無気力な状態の子供の多くは生まれつき障害があるのではなく、単純に刺激と優しい心に触れることが少なすぎたのだった。

子供たちが生後六カ月を迎えるまでは、乳児は施設で病院用ベッドに覆いをかけて寝かされていた。この覆いのために他の赤ちゃんは見えなかった。おもちゃはほとんどなく、人との接触はせわしく食べ物を与えたり、おむつを替えてくれる看護師に限られていた。生後六カ月になると子供たちはベッドが五床ある寝室へ移動する。この部屋では遊ぶことができたが、この部屋から出ることはほとんどなかった。当時は、健康的な発達には身体の基本的要求が満たされれば十分だと考えられていた。子供時代に愛情や優しさを多く与えすぎると、害にさえなると思われていた。

スキールズは、知的に遅れている子供の発達に関しては同年齢の子供たちと一緒にいるだけでは明らかに大きな効果は期待できないことを理解した。そう言ってもそのような子供たちは養子に出すこともできなかった。どの子供の遅れが実際の脳損傷に起因するかわからなかったからだ。そのために代替案は一つしかないと思われた。かなり風変わりなものなのだが、とスキールズは書いている。つまり、彼らを正常にするために、知恵が遅れている子供たちを孤児院から知的障害者施設へ移すことにしたのだった。

行政機関は当然、懸念を示したが最後には承認した。条件は、スキールズが知恵の遅れている養子先が見つからない子供たちをグレンウッドに隣接する知的障害者の施設へ送るならば、正式には引続き孤児院の一員なのだが、ゲストとして収容してもらう、ということだった。

スキールズが命名したこの「大胆な実験」に参加した子供たちは三歳以下、合計一三人で、その子供たちのうち一〇人は非嫡出子だった。彼らの親は、知る限り、学校を卒業しておらず、自分の子供たちと同様に知能指数が低かった。

子供たちは精神障害をもった女性たちのいるさまざまなクラスに振分けられた。子供たちは愛情豊かに受入れられた。女性たちは子供たちと遊び、子供たちの服を縫い、わずかな所持金でプレゼントを買ってあげた。建国記念日にはベビーファッションショーを企画して、子供たちはおしゃれに着飾り、そのショーに参加して賞を貰った。子供たちは屋外の遊び場で長時間過ごし、施設の幼稚園へも通った。

効果は目を見張るものがあった。一三人の知能指数は平均で二八ポイント高くなった。障害をもった女性が母親としてしっかりと世話した子供たちは最も大きい進歩を遂げた。スキールズは孤児院に残った、一二人の子供たちと比べた。孤児院に残った子供たちの知能指数は同じ期間に二六ポイント下がった。

孤児院は知的障害者の温床であることが実証されたのだった。スキールズはそのとき、知能は決して生まれながらに決められたことではなくて、環境の影響、とりわけ幼児期の環境が影響すると確信した。この意見でスキールズや同僚のジョージ・ストッダードとベス・ウェルマンが得た収穫は多くの仲間たちからの軽蔑と嘲笑のみだった。

批判の嵐が起こった。スキールズらアイオワの研究者たちは「控えめに見ても幼稚で、悪くいえば詐欺師だ」、「科学的な方法よりも社会改革者としての政治的信条を優先させた」、「統計もまったく理解していない」、などと非難された。「愚か者から天才をつくる魔法の訓練方法があるのなら、その方法を教えてもらいたい。その方法がないのなら、この噂はこれで終わらせることだ」と、ある女性研究者は辛辣に要求した。また別の研究者は、知的障害の補助看護師が他の知的障害者を精神的に正常になるように教育したとしてスキールズの実験を笑いものにした。スキールズは論争の渦中にいた。この論争は今も続いている。知能は親から受継いだものか、教育によるものか、壮絶なＩＱ戦争だ。

アイオワの公立学校が実験に対して長年みせていた寛容な態度に背を向け、一九四二年に彼が第二次大戦で招集されて、スキールズの研究は終わった。戦争から戻った後、一九四六年には異議を表明してアイオワの教授の職と精神科部長の仕事を辞した。孤児院でのケアはあまりにも貧弱で粗悪なものになっていた。この子供たちが後に大人として抱えることになる問題はいわば自家製になるのだ。

ここでこの物語を終わらせることも可能だった。スキールズは一九六五年、定年退職するまで米国の公衆衛生局で働いた。その間もずっと「彼の」子供たちがどうしているのか考えていた。一九六一年、彼は二五人の被験者を探した。彼は国中をあちこち旅をして、情報提供者と話すために人里離れた村落も訪れた。情報提供者とすぐに会えることはほとんどなかった。郵便配達員、市町村長、聖職者にも問い合わせた。

彼自身が驚いたことに、三年後に二五人全員が見つかったのだ。彼らに尻込みさせないために、正式な知能テストは諦めた。教育、職業、趣味、家族内の身分、病歴の情報は知能テスト以上に説得力があるように思われた。そこから彼らがどのように社会に溶込んで自分の人生を克服しているのか、イメージを得ようとした。

二つのグループの違いは著しいものだった。一定期間精神障害のある女性と生活をし、その後に養子に出た一三人の子供たちは、一一人が結婚し、仕事に従事したり家庭に入っていた。皆が自立して、子供をもち、慎ましく暮らしていた。彼らには人生があった。比較グループの子供たち、一二人のうち九人は未婚、一人は離婚していた。一人は知的障害者施設で死亡していた。四人は引続き施設で生活し、三人は皿洗いをしていた。彼らは社会的に孤立していて、将来性のない他律的な生活を送る運命だった。

一二人の比較グループの子供たちの悲劇的な運命が子供たちのこのような運命を防ぐための唯一の実験になるなら、彼らの人生は無駄ではなかった、とスキールズは長期間にわたる研究の最後に書いた。

一九六八年四月二八日、スキールズは精神遅滞の研究で「ジョセフ・P・ケネディ賞」を受賞した。トロフィーは彼の研究仲間マリー・P・スコダック同席のもと、ルイス・ブランカから授与された。ブランカはセントポールのミネソタ大学の卒業生の一人だった。「この二人が行動を始めるまでは、私はいつも隅っこに座って、一日中上半身を上下に揺らすだけの子供だった。私が授賞式に来られたのは、二人が愛と理解を寄せてくれたおかげだ」とブランカはスピーチで語った。彼はスキールズの一三人の子供の一人だったのだ。

スキールズの研究も他の多くの調査も同じ結果に至ったが、その結果は正しいのか、繰返し疑われた。それは、比較されたこの二つのグループの子供たちの知能が最初から異なっていたのかどうか、研究者はほとんど確かめることができないからだった。最近ルーマニアで行われた研究がこの疑いをきっぱりと排除したといわれている。一三六名の子供たちには最初にテストを行い、その後に孤児院か、里親の元で暮らした。四年後、里親の元で暮らした子供たちの方が知能指数は八ポイント高かった。

1936年 水面の傾き

この実験は子供のお絵描きをじっと観察したことのある人なら誰にでも思い付く可能性はあった。しかし、実際にこのことに気付くためにはスイスの教育学者、ジャン・ピアジェのように聡明な精神が必要不可決だった。ピアジェが自分の三人の子供たちの絵を見ていると、瓶に入った水の面をいつも瓶の縁に対して直角に描いていることに気付いた。瓶の傾きがどうであれ、みんな同じように描いていた。ピアジェはその頃、ジュネーブのジャン=ジャック・ルソー研究所で働いていた。この研究所には幼稚園も併設されていた。幼稚園の女性教員に彼の子供たちの芸術的なものの見方は奇妙だ、と話すと、教員は子供たちの大半が斜めに傾けた器の水面を正しく描き入れないと語った。これは最初の瞬間、あまりセンセーショナルに感じられないが、ピアジェは子供のこの誤りは子供の成長と空間を認識するうえで最も重要となる基準の選択と関係していることを認識した。つまり子供たちがどのように水平と垂直をイメージしているか、が関係しているのだ。一九三六年、結局彼は、最も信頼していた身近な協力者、ベルベル・インヘルダーに実験を委任した。

インヘルダーは五歳未満の子供たちにくびのある瓶二個をテーブルの上に置いて見せた。その一つは下が膨らんでいる丸い瓶、もう一つは円筒形の瓶だ。どちらの瓶にも四分の一ほど色つきの水を入れてある。他に同じ形の空の瓶を用意して、子供たちの前で傾けて、水が入っているとしたら水面がどのようになるか、手で示すように尋ねた。それからインヘルダーはさまざまに傾けた瓶の絵を子供たちに与えて、そこに水面を描き入れるように指示をした。年上の子供たちにはいきなり空瓶の絵だけを与えて水面の絵を描かせた。

子供たちのスケッチから得たピアジェの結論は、年齢段階の推移とともに正しい答えができるようになる、ということだった。五歳未満の子供たちの多くは、水面の概念をもっていなかった。彼らはたびたび液体をもつれた糸のかたまりのようなものとして瓶の真ん中に描いた。次の段階では、瓶の傾きとは関係なく、瓶の側壁に対して直角に静止した水面を描いていた。逆さまの瓶には、水を上側に描いた。次の段階では、瓶が傾いていると子供たちは傾きに応じて水面を描込み始めるが、この段階ではまだ水平ではない。七歳から八歳の間で始まる第三段階つまり最後の段階でやっと、子供たちはゆっくりと正しい答えに近づく。通常は九歳で正解を見つけている。瓶の傾きに関係なく水平に水面を描くようになる。

すでに言及したように（59ページ参照）、ピアジェは素晴らしい思想家だが、綿密な実験家というわけではなかった。彼は個別のケースから結論を引出し、信頼できる統計を使わなかった。さもなければ傾けた瓶の水面を描くという課題に潜む非常に大きな可能性を見逃さなかったろう。三〇年後に他の研究者がこれに気付き、今日「水面タス

水面を描く課題．各年齢段階で描かれた典型的な絵．5歳未満の子供は水をもつれた糸として描いた．5歳以上の子供たちは瓶の傾きに合わせて水面を描いた．右下の絵：瓶に下げ振り糸（釣り糸のおもり）をぶら下げた．

ク」とよばれるこの課題は、多くの研究者により研究されてきた。この課題を巡る大きな謎は、162ページで。

1936年
コートの値段が九・九九ドルの理由

一九世紀終わり頃、レジスターの発明と共に、米国の小売店ではぴったりの数から少し低い値段を付ける習慣が広がった。つまり、四九セント、九八セント、一ドル九八セントという値段だ。ラルフ・M・ハウアーは彼の『メイシーズの歴史』に、値段を端数にしたのは、本来は従業員による盗みを避けるためだったと記した。ぴったりの値段の場合は代金を簡単にサッとポケットへ入れてしまうこともできるが、値段がいわゆる端数の場合はおつりを用意するために客のお金をレジへ持っていくことを強いられるためだ。

小売商がこのような価格にまったく異なる効果があることに気付くまでに、長い時間はかからなかった。商品の値段が低く感じられ、その結果、販売価格が一セント、二セント減少した以上に客の購入数量が増えるというのだ。しかし、実際にそうだったのだろうか？ 米国の大きな通販会社の経営陣はこの価格のしきたりが実際に収入増につながっているのか疑った。誰かがこの価格設定を止めたら、このしきたりもすぐになくなると信じていた。

そこで通販会社は手間のかかる実験を行った。通常は〇・四九、〇・七九、〇・九八、一・四九、一・九八ドルという価格の商品を、六〇〇万部のカタログのうち一部で〇・五、〇・八、一・〇、一・五、二・〇ドルにして提供してみた。実験の結果は興味深く、かつ混乱を招くものだった、とコロンビア大学の経済学者のエリ・ギンズバーグは実験について書いている。結果を解析するためにかなりの費用や労力を費やしたが、決まった法則は見つけられなかったのだ。ぴったりの価格よりも少し下回る値段の方が多く売れた商品もあったが、売上げが減ったものもあった。二回目の実験の実施は責任者にとってあまりにも危険に思えた。一回目の実験時と同じように、次の実験時にもある商品の売上げ損を別の商品の売上げ増でカバーできるかどうか、不確実だったのだ。

別の研究者が同様の研究に着手するまでに六〇年間を要した（180ページ参照）。

1938年 嫌われたダニエラ人

質問に正直に答えてください。ダニエラ人は好きですか？ ダニエラ人が群れを成してドイツへやってきたと仮定する。ドイツ国籍を申請したらどうだろう。あなたのお嬢さんがダニエラ人との結婚を望んだらどうだろう。あなたは同意するだろうか？ ほら、あなたもそう思うでしょう。

ニューヨークのコロンビア大学の学生一四四人の答えもあなたと同様だった。一九三八年一一月三〇日に、三五の民族、七つの宗教団体、七つの政治グループに対するアンケートをこの学生たちに行った。一（入国させない）から八（婚姻により家族の一員として受け入れる）までの点数に分けて、そのなかから選択してもらった。ダニエラ人に関する回答は、二（入国は訪問者として容認）を大きく超えることはなかった。これでトルコ人（度数は三・四）や日本人（二・七）の次、ファシスト（一・九）やナチ（一・八）のすぐ上の順位だった。

ダニエラ人はそんなことは気にしなかった。ダニエラ人は架空の存在なのだから。同様に悪い点数だったピレニア人（二・三）、ヴァロニア人（二・一）も存在しない。心理学者のユージン・レオナルド・ホロビッツはアンケートの中に現実にはいない民族の名前を忍び込ませたのだった。それは人が自分の知らない、正確には知る由もないグループについてどのように判断するか知るために行ったのだ。

一九三六年、ホロヴィッツが黒人に対する態度の変遷について学位論文を書き終えた直後に、反ユダヤ主義を調べることになった。ユダヤ人に対する憎悪を単独で調査しても有意義な結果は期待できないので、彼は他のグループに対する偏見へ課題を広げた。彼はコロンビア大学の学生の他に七つの大学の学生に質問した。

ユダヤ人関係会議が研究に共同出資したのは偶然ではなかった。差別を受けてきた長い歴史により、彼らは先入観がどのように生まれるかという研究に大きな関心を寄せていた。おそらくホロヴィッツ自身も差別に苦しんでいたのだろう。兎にも角にも一九四二年に彼のユダヤ人の姓を「ハートレイ」に代えていたほどだから。一九四六年、ユージン・L・ハートレイという名前で『偏見の問題』という論文でこの研究結果を発表した。

回答者の考え方は各施設でさまざまに異なっていた。たとえばプリンストン大学の学生はニューヨーク市立大学シティカレッジの学生と比べてドイツのユダヤ人を信用できないと感じていた。最も寛容だったのはヴァーモント州のベニントンカレッジの学生で、逆に最も偏狭だったのはワシントンのハワード大学の学生だった。ハワード大学にはおもにアフリカ系米国人が通っていた。スイス人はせいぜい国籍を取得できるのが関の山だと彼らは思っていた。同級生や近所の人や結婚相手としては望ましくないと感じていたのだ。ドイツ人に関する考え方はもっと厳しいものだった。学生は自分たちの国を訪ねてくるだけならば彼らを許容したのだった。ハワード大学に反して他の大学の学生はスイス人に対して何の反対もなかった。

多数の相違点にもかかわらず、統一的傾向がはっきりと浮かび上がった。国としては、米国人、カナダ人、英国人は人気があり、日本人、中国人、トルコ人、そしてアラブ人は嫌われていた。

最も興味深い結果がみられたのは実際には存在しない空想の国の人を比較してその人気を問うたときだった。ダニエラ人やピレニア人やヴァロニア人を嫌いになればなるほど、実存するグループに対する不信感も強くなった。このことからホロヴィッツは、ユダヤ人に対する態度はユダヤ人グループの特徴では解明できない、と推論した。偏見は各グループの実際の特徴と関係ないのだ。それよりも根本的に偏狭な性格の結果、偏見をもつようになるのだ。当事者は一種のモラルに対する理解の欠如に苦しんでいるのだ。

この見解はいわゆる接触仮説への道を開いた。つまり、グループ間の接触が人間の根底にある類似性を明らかにして敵対行為を徐々になくすという発想だ。

今日では、物事がさらに複雑なことがわかっている。グループ間の接触だけで偏見が自動的に少なくなるわけではない。文化間の違いも当時の心理学者が認めていたより多いようだ。おまけにハートレイの研究には統計上の誤りがいくつか含まれていた。架空の民族について質問した彼の研究は、アンケートで単なる擬似意見を集めることがいかに危険かをはっきりさせた。

他の研究がこの傾向を確信させた。たとえばテヘランの通行人は旅行者に実際に存在しない場所を二つ返事で説明した。さらに一九五〇年代のある実験の結果はもっと異様だった。質問の一つに、近親相姦に賛成ですか？　反対ですか？という内容があった（当時「近親相姦」の概念は一般的にはまだ存在していなかった）。結果は三分の二が反対、三分の一は賛成だったのだ。

1951年 とりあえず付和雷同

被験者番号六番は、これまでで最も退屈な心理実験に参加させられたという印象がぬぐえなかったに違いない。彼は視覚判断に関する実験に参加すると自ら手をあげたのだった。現在、彼は他の六人の任意参加している被験者と共にフィラデルフィア郊外のスワースモア大学のセミナールームにやってきた。

実験者は集められた男性に二つの白いボードを見せた。一枚目には二五センチメートルの黒い線が一本、二枚目のボードには二二センチメートル、二五センチメートルそして二〇センチメートルの三本の線が並んでいた。被験者が回答を求められたのは、二枚目のボードに描かれた三本の線のどれが一枚目の線と同じ長さなのか、のみだった。

参加者は一人ひとり順番に二本目の線が正解だ、と推測して答えた。実験者は他の二枚のカードを示した。このときは全員、一本目が正しいときっぱりと言った。その次の二枚のカードでも長さの違いははっきり認識できた。一枚目のカードの線と一致するのは三本目の線だった。しかし、被験者番号六番が自分より順番が先だった五人の回答を聞いたとき、彼は耳を疑った。五人とも一本目だと答えたのだった。どう見ても一枚目の線より二センチメートルは長い。彼は身を乗り出して、眼鏡をきちんと掛直した。疑う余地はなかった。線の長さは違っていた。それとも何かの間違い？　五人の目にはそう見えるのなら？　自分の感覚がそんなにおかしいのか？

被験者番号六番をこの不快な状況に陥れたのは心理学者ソロモン・アッシュだった。アッシュは、人間がいかに簡単に集団の圧力に屈するのか、知りたかったのだった。それ以前の研究結果を彼は信じていなかった。被験者へ向けられた質問に対する答えは多くの場合、はっきりしていなかったからだ。たとえば、あるテキストについて、そのテキストの著者が誰か、によって評価がどのように変わるのか、実験が行われた。この実験でははっきりとした正解も間違いもなかった。線の長さを問う実験ではまったく異なっていた。ここで問われたのは線の長さは同じか、同じではないか、だった。問題は被験者番号六番が自分の感覚を信じて他の全参加者に反対するのか、それとも他の五人に同調して自ら見たことに目をつぶるか、だったのだ。被験者番号六番は他の参加者が実験者の共犯者だったことを知る由もなかった。しっかりと事前につくられたシナリオに従って共犯者は誤った答を口にした。

この実験の結果は現在、あらゆる心理学の教科書に取上げられている。被験者の三分の一が、実験参加者グループの答えに順応して間違った答えを選んだ。全被験者の四分の一だけは集団の圧力に屈しなかった。多くの被験者は、他の人たちが口を揃えたように間違えると、神経質になり訳がわからなくなった。実験に参加した一人の女性は我を忘れて実験ボードの前へ飛出して、定規を線のわきに当てて長さを測った。「これが見えないの？」と言ったが、他の参加者は「何が見えるんだ？」と答えるだけだった。この女性は大いに動揺した。彼女のどこかがおかしいのか、彼女の目がおかしいのか、もしかしたら何かもっと根本的なことが問題なのか？

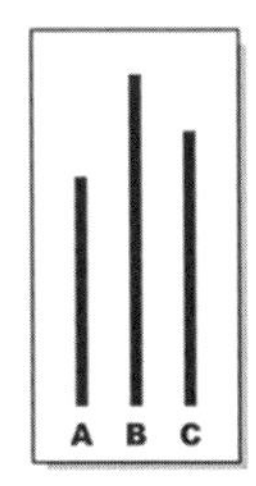

質問：右のカードのA, B, Cどの線が左の線と同じですか？答えは明らかにCだが，被験者の4分の3は集団の圧力に服従して，他の人たちが間違った場合には，間違った答えを出した．

アッシュが実験結果に驚いたかどうか、彼の論文からはわからない。多くの教科書に書かれていることと異なり、そもそも自らが発見した結果とは反対の結果を示したいと思っていた。つまり、人間は奴隷のように集団に従わず

被験者番号６番は，この席に着いた他の参加者が実験者の共犯でシナリオに従い間違った答えをしたことは知る由もなかった.

に、他人の意見に左右されることなく自分の意見を主張する、という結果が導かれると思っていた。

一九五一年にアッシュが行った同調実験は最も頻繁に繰返されている科学的な実験の一つである。一九九六年の一覧には、一七国で行われた一三三件の同調実験が記録されている。どのような条件なら同調しやすいか発見するために、アッシュは実験に変化を付けた。集団の中で実験参加者のうちもう一人が正しい回答をすると、間違った答えをする割合は三二％から五％に下がった。実験参加者が他の参加者の回答をわかっていて、しかも自分の答えは記載するだけで公表されないケースでも同調率は劇的に下がった。

アッシュの実験は行われる時代や文化が異なるとその結果もいろいろと異なる。欧米の工業国の個人主義文化圏では、東アジアやアフリカのよりも同調傾向が少ないことが期待通りにはっきりみられた。東アジアやアフリカでは個人よりも集団の利益を優先させる一方、西洋文化では同調を追従としてネガティブに解釈することが多い。一〇インチは四インチより短い、と多数意見に同調した臆病者だという事実をもって残りの人生を生きることになる、とアッシュのスタッフ、ヘンリー・グレイトマンは述べた。アッシュ自身、それをあまり劇的とはみていなかった。情報には二種類ある。一つは自分自身が実際に見ているもの、もう一つは他の人たちが言っていることだ。他の人たちが言うことを真剣に受取ること自体は愚かなのではなく、状況次第で正しくて人間的になるのだ。個人よりも集団を優先するような文化圏では同調はポジティブにも解釈されている。適応する人は、自らは明らかに間違いを犯しても他の実験参加者の体面を守ることになるのだ。

異なる研究を比較すると、一九五〇年代にアッシュが実験を行っていた頃から、同調傾向は減ってきているが、消えたわけではないことがわかる。その証拠としてはいわゆる「ノー・ソープ・ラジオ」ジョークがあげられる。このジョークもアッシュの実験と同様に一九五〇年代から広がり、今日でもまだ大いに機能を果たしている。ここでそんなジョークを一つ紹介しよう。シロクマが二頭、湯船につかっている。一頭目が石けんを取って欲しい、と言った。すると二頭目が答えた。そこには石けんなどなくて、あるのはラジオだ、と。

誰もがすぐに気付くように、勘違いのポイントはジョークとは何も関係ないのだが、サクラがこのジョークを聞いて笑い始めると、これを聞いていた他の人たちも同じように同調して笑うことはよくあることなのだ。

実験の変形バージョンの一つでアッシュは線の長さがどれだけ違えば結果が変わるか、見つけようとした。それはどんな被験者にも自分の感覚を否認させる余地を与えないためだった。しかし実験は上手くいかなかった。線の長さの差が一八センチメートルあり、答えが誤りでも多数派の意見に同調する人が必ず何人かいたのだった。

1954年 世界最速ブレーキ

ジョン・ポール・スタップ大佐はほら吹きではない。もしそうだったら、一九五五年、『*Journal of Aviation Medicine*』に発表した記事に「生体組織にかかる力学的力の作用」よりもさらにセンセーショナルなタイトルを付けただろう。生体組織とは彼自身のことで、力学的力の作用で内出血を伴う打撲傷、充血した眼、そして骨折を表現したのだった。

一九四七年、チャック・イェーガーはジェット機X１で飛行した。彼は音速を超えた初めての人類だ。同じ年、スタップは軍医として、パイロットがそのような速度で緊急時に射出座席に座ったまま戦闘機から緊急脱出したらどうなるか、という問題に取組んだ。強力な気流がパイロットの身体に打撃を与えて、即時にブレーキをかける。ヒトがこの負荷を受けて生き延びられるのだろうか？　スタップは大胆な実験でこの質問に答えた。最初はカリフォルニア州のエドワーズ空軍基地、その後はニューメキシコ州にあるホロマン空軍基地でこの実験が行われた。

一九四七年、ロケットスレッド「ジーウィズ」を使った最初のテストにはチンパンジーが予定された。チンパンジーは予定時間に到着しなかった。するとスタップは自分を実験用モルモットとして使って欲しいと申し出た。彼の態度は強情で、上官たちは再三再四、思いとどまらせようとしたが、不成功に終わった。

一九五四年一二月一〇日に行われた最も大胆かつ最後の実験でスタップは失明の危険にさらされた。正午頃、彼は実験アシスタントにロケットスレッド「ソニックウィンド」のシートベルトを締めるように指示した。長さ一キロメートルの軌道の端に救急車が見えた。

ジョン・ポール・スタップ，ロケットスレッド「ジーウィズ」にて．

ロケット九基は二つ目の台車の背面に取付けられ、まさにレールの上を走るいす以上のものではなかった。ロケットはあまりにも勢いよく加速したので彼の網膜から血が引いた。スタートして一・五秒後、目の前は真っ暗になった。三・五秒後、台車が時速一〇一七キロメートルに達すると、そこでブレーキがかけられた。シャベルのような形のストッパーを軌道端のレールの間に設置された長い水槽へ突っ込んで台車を一・四秒後に静止させた。その衝撃は時速一〇〇キロメートルで壁に衝突したようなものだ。ただ、その一八倍も長く続いたのだった。

制動距離二一〇メートルだった。制動が始まると視力は一瞬回復した。しかし、流入する血液の圧力に眼の血管が耐えられず破れた。スタップの視界はサーモンピンクに染まり、彼の眼が筋肉や視神経を強く引っ張った。眼の痛みはまるで麻酔をしないで歯を抜くときのようだっ

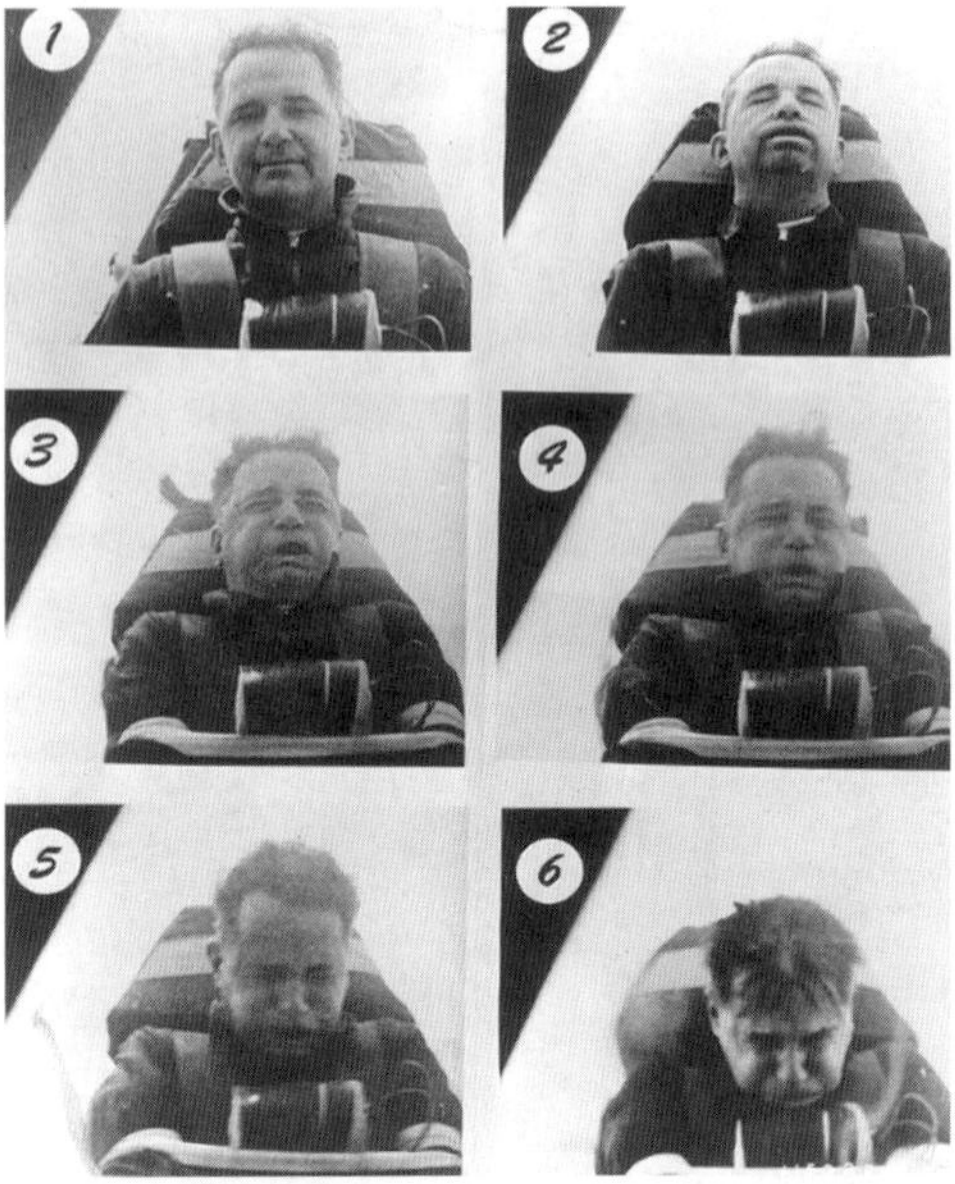

ブレーキ各段階におけるジョン・ポール・スタップの顔の変化：静止まで時速100 kmで壁にぶつかるときの18倍の時間を要した．スタップは実験で何回も骨折，失明しそうになった．

た。

台車が静止してから、協力者がスタップをその装置から解放した。彼は手を伸ばして瞼に触れた。眼が閉じて見えなくなったと思ったのだ。しかし眼は開いていた。とうとうやってしまった。眼が見えなくなるだろう、と彼は思った。実験に失明のリスクがあることをわかっていた。彼の眼にはそれ以前の実験で度重なるストレスがかかっていたのだ。

病院へ向かう途中に視力は徐々に回復した。診察ではベルトが当たっていたところには青あざができていた。また砂の粒が弾丸の速さで服の上から身体にくい込んでできた小さい傷も見られた。それまでに彼が行った二八回の実験では何回か骨折したが、この実験で骨折はなかった。

短時間スタップに四〇G以上の負荷がかかった。体重の四〇倍以上の力でベルトに押付けられていたのだ。長い間、ヒトは一八G以上の負荷には耐えられないと信じられていた。

実験は飛行機のパイロットシートとベルトのデザインの改良をもたらしただけではなく、スタップは自動車のシートベルトのパイオニアにもなった。彼は軍の費用で自家用車を使ったクラッシュテストを行った。上官らがこれに抗議すると、飛行機の墜落よりも自動車事故により命を失うパイロットの方が多いと上官の前で計算して見せた。一九九九年に彼が亡くなる前の数年間、彼は「ドクター・スタップ国際カークラッシュ会議」の議長を務めた。

数々の大胆な実験がスタップを有名にした。彼はテレビ出演を果たし、写真は『タイム』の表紙を飾った。新聞が一九五六年のスタップの失策を見逃さなかったことも自然なことだった。三月九日付『アラモゴード・デイリーニュース』は、彼のスピード違反を、「世界最速の男」制限速度を時速六〇キロメートル超過して警察に捕まる、と報じた。治安判事は罰金を免訴したが、架空の人物、「レイ・ダール船長」に対して新たに罰金刑を科し、彼が自腹で支払った。

人がロケットスレッドに座る前には人形でテストを行った．全開でブレーキをかけた後に人形は木製の防風板に穴をあける（人形はグレーの陰である）．

スタップの実験には副産物があり、この副産物は彼の実験よりもはるかに有名になった。一九四九年の実験の初めに、エンジニアの一人、エドワード・A・マーフィーが開発した計測器が誤まった方法でロケット台車に取付けられたのだ。日頃から新しい言い回しを創作していたスタップは、この現象を「マーフィーの法則」と命名し、広く使われるようになり、ポップカルチャー界を制覇した。「失敗する可能性のあるものは、失敗する」。

1954年 イーグルス対ラトラーズ

一九五四年六月一一日、ロバーズ・ケイブ州立公園へ向かうバスに乗った米国のオクラホマシティーの少年一一人は、まったく普通のサマーキャンプへ向かっていると考えていた。彼らは自分の趣味やお気に入りの野球チームや父親の仕事の話をしていた。広大なキャンプ場に到着すると、彼らは小屋へ移動して周辺を偵察した。翌日、キャンプ場の他の区域で別の一一人の少年たちが小屋へ入ったことを彼らは長らく気付かなかった。少年たちはキャンプの引率が全員、研究者だということも気付かなかった。研究者たちはそれから三週間、双方のグループに起こったことを密かに記録した。

夏休みのキャンプを偽装した実験を指揮したのは、オクラホマ大学の心理学教授、ムザファ・シェリフだった。彼は両方のグループを最初は敵同士にして、それから不可能なことを乗越えさせたいと思っていた。つまり、手の施しようのないほど仲たがいした一一歳の少年たちを仲直りさせる、ということだった。

シェリフはもともとトルコのイズミル出身だった。一三歳のときにギリシャ人に襲われて九死に一生を得たことがあった。この経験は彼にとってグループ間の紛争に関する研究に専念する理由の一つになった。後日「ロバーズ・ケイブ実験」とよばれるようになったこの実験は彼の学者として最もよい仕事だった。実験では一一歳の少年たちは綱引きでの勝利や湖へ向かう道中で争っただけだったが、北アイルランドやパレスチナのような激しい紛争や対立と関連して引用されることが多い。

シェリフは実験を三つの段階に分けた。一番目の段階は二つのグループの作成で、互いに関わりをもたない二つのグループをつくる必要があった。第二段階でこの二つのグループを引合わせて、緊張関係をつくる。この緊張関係を第三段階で鎮める、というものだった。すでに存在しているグループを使って実験を行えば、いきなり第二段階から開始することも当然可能であった。しかし、シェリフはきわめて厳密な研究者だった。既存のグループではもしかすると別のグループに対する行動にすでに固定概念がある可能性があり、そうだとすれば実験結果が歪曲するかもしれない、と考えたのだった。

管理のもとでグループをつくらせるために、彼はこれまでにまだ出会ったことのない一一歳の少年たちを選んだ。手間暇かけて彼は米国のオクラホマ州の二二の学校から一人ずつ生徒を選び、二つのグループに振り分けた。少年たちを選ぶ条件はできる限り同じにして、健全な中産階級の、プロテスタントの家の出身者にした。問題があるケース、またはホームシックになりやすい子供は除外された。

メンバー選択のために、研究者は校庭で悟られないように生徒たちを観察し、親や教師と話し、成績を取寄せた。ほかにも子供の家族が暮らす家の大きさ、どんな車に乗っているのか、情報を集めた。キャンプではグループ間の相互作用を調べる、と親には漠然とした説明をした。キャンプ場に到着してから一週間後、グループそれぞれに名前が付けられた。『ラトラーズ』と『イーグルス』だ。安定した内部のヒエラルキーがしだいに形成され、『ラトラーズ』は常に悪態をつき、『イーグルス』は裸で水浴びした、というような、典型的な行動モデルがみられるようになった。

プランでは、この段階ではまだ一〜二日間、両グループを会わせずにおき、それから第二段階の敵対関係に持込む予定だった。もっとも少年たちはプランよりはるかに先へ進んでいた。互いが直接出会う前に、一方のグループは、別のグループがかなり遠くで発する音を聞いた。すると、キャンプ場のどこかに黒人キャンパーがいる、と馬鹿にしたように話したのだった。

緊張関係の形成が実験の中で最も簡単な要素のように思われた。しかし、シェリフは細心の注意を払

綱引き：イーグルス対ラトラーズ．少年たちは心理学の実験に参加していることを知る由はなかった．

う必要があった。前年に同じような実験で中断を余儀なくされたのだった。キャンプ管理の仕掛けがあまりにも明け透けで、少年たちの怒りはグループ間ではなく、突然に大人に向けられたのだった。

第二段階の核になったのは一五種の競争で、二つのグループは四日間この種目で競った。このなかには野球や綱引きもあった。他にも宝探しや部屋の点検も含まれる。実験者は宝探しや部屋の点検では内緒でどちらか一方のグループにポイントを与えることができた。

競争の賞品は誰もが欲しがるポケットナイフだった。シェリフはかつての実験からこの段階がどのように展開するか、わかっていた。グループ内の団結力が高まり、別のグループを誹り、攻撃した。しかし、このときこんなにも敵意が大きくなるとは彼も想像しなかった。いざこざはこのように始まった。「鼻持ちならないヤツ」、「めめしい男」、「共産主義者」両チームは互いに罵り合った。二日目の夜、イーグルスは運動場に置いてあったラトラーズの旗を燃やした。この出来事によって、実験者が二つのグループの間の気まずい空気を作為的に煽る必要はなくなった、とシェリフは後に記している。

反撃までさほど時間がかからなかった。翌日の夕方、ラトラーズはイーグルスの小屋を襲撃し、カーテンを引裂き、ベッドをひっくり返したのだ。このとき、彼らはグループリーダーのジーンズを奪って、

ラトラーズのメンバー，イーグルスの小屋を襲撃．研究者は両グループ間の敵意を煽るというプランが必要ないことがわかった．グループはどちらも最初から敵意をもっていた．

戦利品，イーグルスのリーダーのジーンズを掲げるラトラーズ．“イーグルスの末路”と書かれている．

翌日、そのジーンズを旗にして持ち歩いた。ジーンズには「イーグルスの末路」と書かれていた。その翌日、イーグルスは野球バットで武装して、ラトラーズの小屋へ向かって出発した。そのときラトラーズはキャンプ場の別の場所に滞在していた。

激しい衝突を繰返すと、どちらのグループも相手のグループとは関わりたくないと考えるようになった。第三段階が開始できる状況だ。

シェリフは最初、グループをニュートラルな状況で向き合わせた。しかし、映画を見せても和解の役には立たなかった。一緒に食事をすると最後は食べ物を投げ合った。直接顔を合わせるだけでは衝突の和解には不十分だった。

かつての実験では二つの仲たがいしたグループの和解に成功した。そのときは第三の敵に対して彼らを団結させたのだった。しかし、この方法は彼にはあまり意味がないように思えた。最初の争いがこの方法で解決しても、新しい争いが発生するのだから。シェリフは他の方法で緊張を解きたいと思っていた。それで一つのグループの力だけでは解決できない課題を両方のグループに提示したのだ。

最初にシェリフは秘密でキャンプ場に飲料水の供給に使用している水道管をブロックした。少年たちは水不足に気付くと、キャンプ引率者は彼らにキャンプ場と貯水タンクの間の配管をすべてくまなく調べる必要があり、そのためには約二五人の人員が必要だ、と説明した。皆が一緒に水道管を調べている間は平和が保たれるようになり、工具を貸し借りして協力して作業を行った。しかし、夕食時にはすでに敵意が再燃した。

次に共同の映画の夕べが計画されていた。映画『宝島』をレンタルするのだが、一五ドルは両方のグループで調達しなくてはならない。簡単に話し合った結果、各グループで三ドル五〇セントずつ出し合い、残りはキャンプ引率者に出してもらうということで同意した。

トラックの偽装故障の目的もひとえに，一方のグループだけでは解決できない課題をグループ双方に示して和解させることだった．

両グループがテントを持って移動生活する活動がシェリフによる和解のための最後の仕掛けだった。最初に配送車のエンジンが動かなくなる。しかし、食糧は取りに行かなくてはならない。双方のグループが一緒に車を押すしか車を動かす手段はないことはわかっていて、実際に一緒に押した。

それからテント設営時に両方のグループが発見したのは、もう一方のグループが持っているテント用具に頼らなくてはならないことだった。キャンプ引率者はテント装備を意図的に取混ぜていたのだ。最後に食料では肉が四キログラムの塊で用意されていた。つまりどうにかして分けなければならない状況だった。

この仕掛けは実際にグループの和解につながった。彼らはキャンプ最後の夜を共に歌い、語りあった。一緒のバスで帰ることに決めた。ドライブインでイーグルスのお小遣いが足りなくなると、ラトラーズは胚芽ミルクをおごってあげた。

シェリフの実験は現在では心理学の古典に数えられるようになった。上位目標の設定が平和を推進する効果があることに今日ではほぼ異論がない。もっとも、この効果は外的要因により弱まる。さらにこの結果を国家のような大きな対象へ応用することは容易なことではない。

抗争当事者同士の仲介方法でまったく異なるものは、183ページを参照されたい。

1958年 見えないものが見えるようになる

赤ん坊というものはどんな実験心理学者にも悪夢なのだ。アンケートに答えられない。しゃべれない。指して教えてくれない。何よりも非常に協力的でない。顔を認識しているのか、見たものをどれくらい正確に覚えているのか、そこで起こったことを覚えているのか、どうすれば確認できるというのだ。

乳児の頭の中で繰り広げられていることは謎で、この謎を解きたいと思っているのは母親、父親、そして幼児心理学者だけではない。これは、人間はどのような能力をもって生まれ、どのような能力を習得していくか、という大きな問題にも関係している。決定的なのは何だろう。生れながらの本能か、それとも環境だろうか？

一九五〇年代に支配的だった考えは、子供は生まれたとき、すべて白紙の状態である、というものだった。その考えによると、子供はまず、異なる明るさと色が無秩序に入交ったものとして外界を見る。

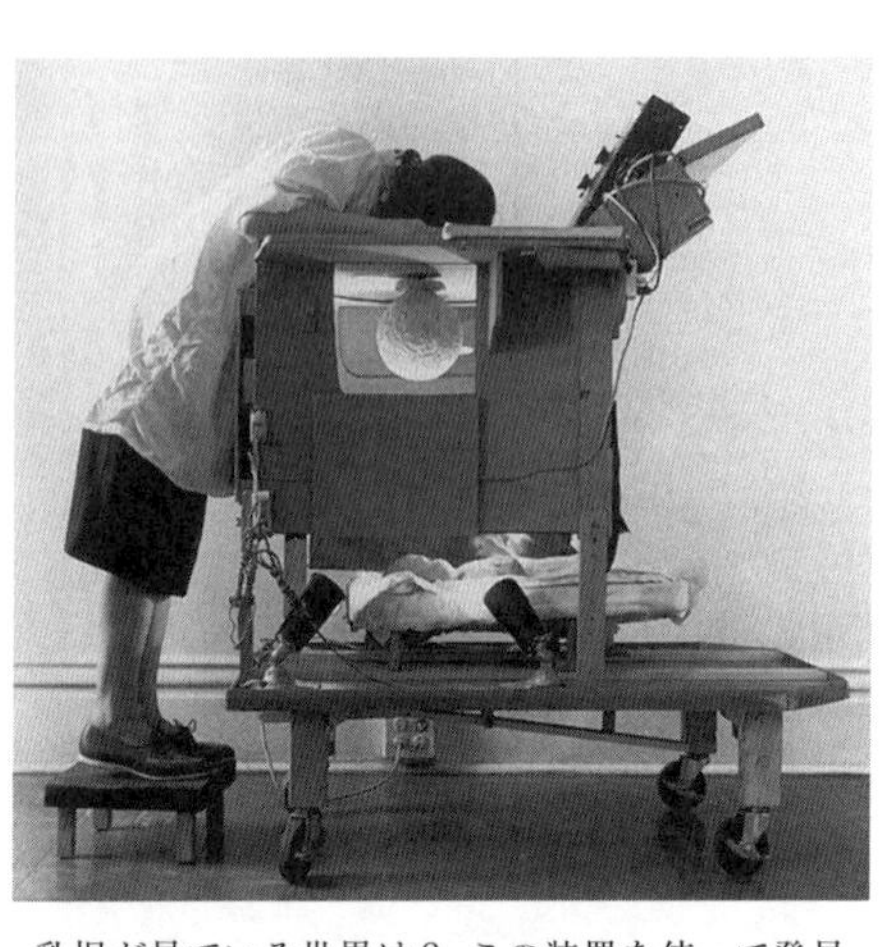

乳児が見ている世界は？ この装置を使って発見できる.

見るという経験を通して初めて、印象を整理することを学ぶのだ。

かつての実験に基づいて、心理学者ロベルト・ファンツは、この見解は間違っていると推測した。彼の観察では、ふ化したばかりのヒヨコにさまざまな幾何学的な形状を示すと、ヒヨコが最も頻繁についばんだのは小豆大くらいの小さい球だった。この対象物を認識する能力をヒヨコは明らかに先天的にもっていたのだ。

しかし、同じような実験を人間では実施できなかった。乳児はついばむことはしないのだ。しかし、常に辺りを見回している。彼らの目が見ている周辺世界を、ファンツに目で伝えることができるはずだ。

乳児がある特定の形状を、例外なく他の形状よりも頻繁に注視するならば、その形状を認識できているに違いない、とファンツは論文に書いた。この簡単なアイディアを基本に、彼は小さい木箱型の実験設備を開発した。この実験設備に乳児は仰向けに横たわり、均等に照らされた箱内部の空間を眺めた。ファンツは箱の天井部分に異なる模様の描かれたパネルを二枚一組で複数取付けた。たとえば、縦縞と同心円、塗りつぶされた四角形と市松模様、三角と十文字だった。二つのパネルの間の覗き穴から乳児たちの視線の方向を追い、乳児がどの模様をどれくらいの時間見ているか確認できた。

最初の実験に参加した三〇人の乳児（生後一週間から一五週間）から八人は参加者から除外された。その子たちは泣き叫び、駄々をこね、実験中に寝てしまったのだ。残った二二人はほとんど皆、より複雑な模様を好んだ。たとえば、四角形よりも市松模様を長く眺めた。乳児は明らかに生まれたときからそのようなパターーンを区別する能力があった。

乳児がどれくらいはっきりと見るのか、ファンツは彼の方法で測定できた。乳児にグレーのパネルとストライプのパネルを並べて見せた。乳児はストライプを認識していれば、ストライプのパネルを好んだ。ファンツは乳児にストライプの幅をどんどん狭くして見せた。グレーとストライプのパネルを同じ頻度で見るようになるまで続けた。同じ頻度で見るということは、グレーのパネルとストライプのパネルの違いがわからなくなったということだ。ストライプのパネルは乳児には灰色に見えたのだ。生後一カ月の乳児たちは三ミリメートル幅のストライプを認識できたが、生後六カ月になると幅がその一〇分の一の細いストライプが認識できるようになった。

乳児は生まれたときから立体的にものを見ることができるのだろうか？　円よりも球体の方を長い時間、眺めた。彼らは顔を認識できるのだろうか？　しかし、どんなパネルも顔を描いたパネルには勝てなかった。

今日ではファンツの方法は乳児の精神的能力研究の基礎になった。さらに修正が加えられ、この方法で乳児が数を数えられることさえも証明された。乳児の目の前でミッキーマウスを小さい舞台の上に置き、それから舞台を目隠しする。目隠ししている間に乳児にわかるようにキャラクターをもう一体、舞台の上に置く。舞台上のキャラクターは一＋一になっている。目隠しを外すと乳児はキャラクターが二体あることを見る。正解だ。次は、キャラクターを見せるが、二体目はわからないように片付けておく。

乳児は平均して正解時よりも一秒間長く、この状況を見る。これは、乳児が驚いたこと、つまり正解を知っていたことを間接的に示している。

1960年 四枚カード問題

謎解きは、一見したところ単純な印象を与える。英国の心理学者ピーター・ウェイソンが一九六〇年代初めにこの謎解きを考案したときには、これがどんな輝かしい栄誉を彼にもたらすことになるか、想像もつかなかった。テーブルの上にカードが並べられている。裏と表、それぞれにアルファベットと数字が書かれていた。四枚のうち二枚はEとT、残りの二枚は数字の「4」と「7」を表にして置かれている。ルールは次のとおりである。母音のカードの裏面は偶数である。このルールが正しいかどうか確認するには、どのカードをひっくり返して調べればいいのか？　このシンプルな質問は心理学で最も研究された頭の体操で、「選択課題」とよばれた。『義務的思考と選択課題』や『ウェイソンの選択課題における検証困難な主題化効果』など、数百に及ぶ研究の対象となっている。

これほどまで関心をもたれた理由は、被験者の一〇％ほどしか正解しなかったという驚くべき事実である。ウェイソンが初期の研究でこの問題を投げかけた一二八名の学生のうち、正解を出したのはわずか五人だった。五九人は「E」と「4」のカードを確認しようとした。四二人は「E」のみ、選んだ。そう言っても正解は「E」と「7」である。

「E」を裏返して確認することはわかっている。ひっくり返したときに奇数が記載されていたら、ルールに反していることになる。これとは逆に「4」を裏返す必要はない。ルールでは母音の裏側は偶数が書かれていることになっている。偶数のカードの裏側が必ずしも母音である必要はない。これが混乱を招く。具体的な例で考えれば次のとおりだ。郵便ポストはすべて赤であるという表現は、もちろん、赤い色をしているものすべてが郵便ポストである、ということを意味しない。

これに反して、「7」のカードを確認することは重要なことである。この裏面が母音ならば、これもルールに反している。しかし、多くの被験者がこのカードを選んでいない。それだけではない。ウェイソンが被験者に彼らの思い違いを説明しようとしたら、思わぬ抵抗を受けた。彼が「7」を裏返して、反対側が「A」だとわかっても、彼らは「7」を選ぶ必要はないと主張したのだった。

E T 4 7

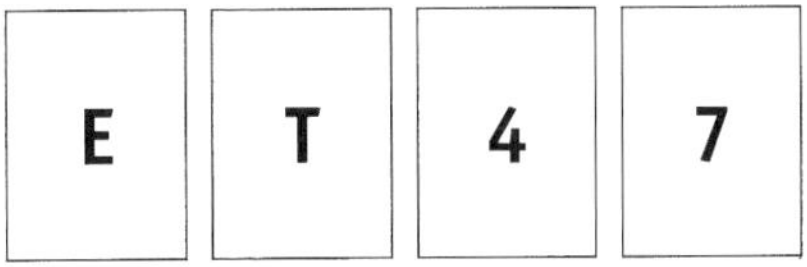

心理学の中で最も多く研究された謎．“母音のカードの裏面は偶数”のルールが守られているか調べるためにどのカードを裏返す必要があるだろうか．

ウェイソンの実験による最も重要な認識は、大半の人たちは一度受け入れた推測を、新しい情報により確認することしかしない傾向があることだ。反論を試みないのである。「E」のカードを裏返すと、母音ならば偶数というルールの確認ができる。カード「7」の裏を見たときは、母音ならば偶数というルールの否定が精一杯だ。自らの確信が正しく間違ってはいないことを確認したいと思うことはひどく人間的で、疑似科学や陰謀説を熱狂的に信頼するようになるのもよく理解できる。

ウェイソンは四枚カード問題のために多くの同僚の間で人気がなかった。正解率の悪さは、ジャン・ピアジェの人間における理論的思考の発展（59ページ参照）に関する理論に矛盾していた。ウェイソンは実験を英国に本部のある高い知能指数の者たちの団体「メンサ」のメンバーでも行った。被験者は自信をもって、しかも明確に、ピアジェによれば小さい子供が犯す典型的間違いをしていた、とウェイソンは記していた。同僚の一人は、「四枚カード問題」の実験は今後行わないと言った。まるで心理学部が新種のウイルス感染の危険にさらされているようだったのだ。

一九六〇年代初頭、彼が「四枚カード問題」を初めて試みたとき、反響は大きいわけではなかった。それは彼は二人の友人に「四枚カード問題」を見せた。二人とも、少し考えると、あっさりとこの問題を解いてしまったのだ。この様子を見て彼の助手は、この謎解きは実験にはあまり使えない、と考えたのだ。そのままにしていたら、ウェイソンの謎解きは危うく世の中で取上げられなくなるところだった。

1960年 瞳孔研究者とピンナップガール

瞳孔計測という奇妙な専門分野は一九六〇年のある朝、シカゴ大学のエックハルト・ヘスのオフィスで誕生した。ヘスは風景写真のカードの山をつくり、その中に、「半裸のピンナップガール」の写真を突っ込んだ。この写真を彼は助手のジェームズ・ポルトに一枚一枚見せた。このとき、ヘスにはカードの裏面しか見えなかったので、ポルトがそのとき何の写真を見ていたのかわからなかった。七枚目のときにはっきりと瞳孔が広がったのがわかった。露出度の高い服を着たエレイン・レイノルズの写真だった。彼女はプレイボーイ誌一九五九年一〇月のプレイメイトだった。そのときから、ヘスは脳内プロセスと瞳孔の大きさに関する研究に身を捧げることになった。

あらゆるものは瞳で読取れるという考えは文学や日常生活では至る所に存在している。フランスの詩人、ギヨーム・ド・サリュットは目を「心の窓」とよんだ。愛や情熱、憎しみや激怒のような感情はとりわけ目の中に現れるというのだ。

脳が特定の活動をしているときに瞳孔の大きさが変化することを、科学者はすでに以前から観察していた。そんな瞳孔の変化を研究分野として確立したのは、ほかならぬヘスだった。そのきっかけは彼の妻だった。彼女はある夜、彼が動物の写真図鑑をじっと眺めるときに瞳孔が広がることを観察したのだった。これに基づいて、ヘスはポルトと共にピンナップガールの実験を即興で行った。

最初の体系的な実験を彼は男性四人と、女性二人と一緒に行った。彼は被験者たちに暗い箱をのぞかせると、反対側の面につぎつぎと写真を映した。左目を、小さい鏡を使って、脇に取付けられた赤外線カメラで撮影した。赤外線カメラは毎秒二枚の写真を撮った。この写真を使って、ヘスは瞳孔の寸法を測定した。結果は驚くほどはっきりしていた。女性の場合、乳児、乳児を抱いた母親、またはヌードの男性の写真を見せたときに瞳孔が最も大きく広がった。男性の場合は、特にヌードの女性に対して反応した。ヘスはこのように瞳孔が広がることが関心や同意を示す徴と解釈した。後の実験で被験者に障害のある子供とモダンアートの写真を見せた。このとき、彼は瞳孔が縮小したことを見て取った。しかも、抽象画が好きだと言った人たちでさえ。

　ある有名な研究でヘスは瞳孔の大きさが他人に対して与える効果も実験した。男性に同一の女性の写真を二枚、提示した。二枚の写真では瞳孔の大きさのみが異なっていた。この写真を見た男

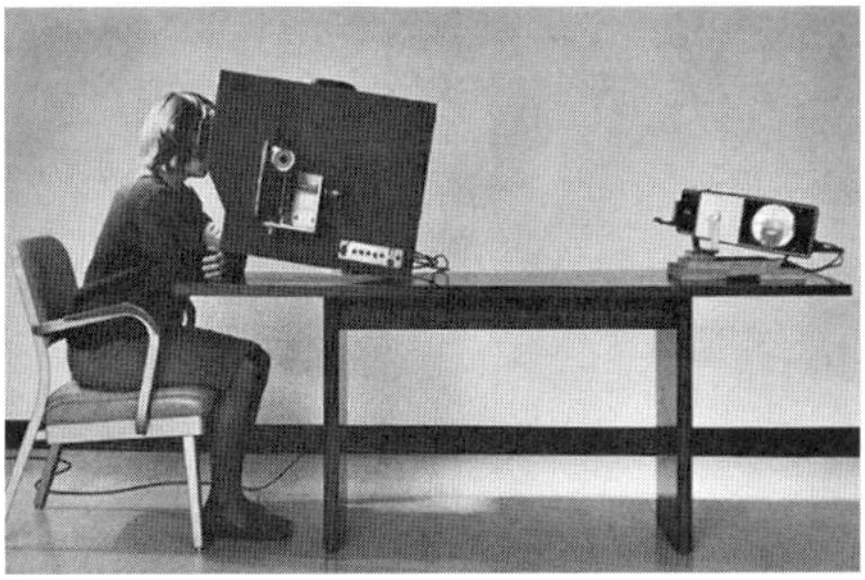

この装置を通して被験者は投影された画像に目を向けた．据え付けられた鏡を介して瞳孔の広がりを観察した．

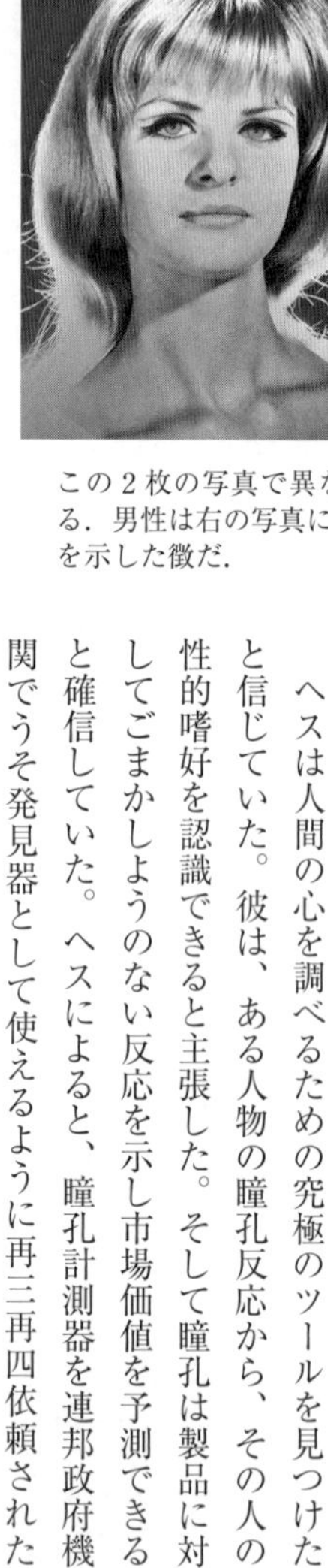

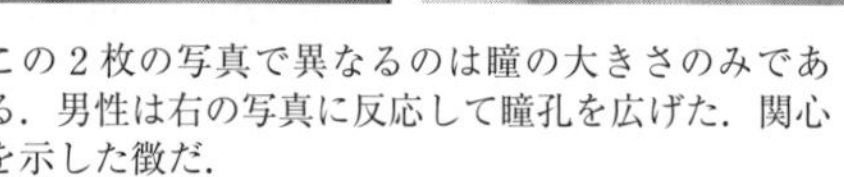

この２枚の写真で異なるのは瞳の大きさのみである．男性は右の写真に反応して瞳孔を広げた．関心を示した徴だ．

性の目は、瞳孔の大きい方の写真に大きく反応した。女性の大きく開いた瞳孔は向かい合っている人に対して興味を示し、そのために男性の瞳孔が再び大きく開く、とヘスは推測した。すでに中世には、女性はエロティックなオーラを高めるためにベラドンナ（アトロピン）を目にさしていた。当時、婦人は瞳孔を散大してより美しくなるためにベラドンナを点眼していたものだ。

ヘスは人間の心を調べるための究極のツールを見つけたと信じていた。彼は、ある人物の瞳孔反応から、その人の性的嗜好を認識できると主張した。そして瞳孔は製品に対してごまかしようのない反応を示し市場価値を予測できると確信していた。ヘスによると、瞳孔計測器を連邦政府機関でうそ発見器として使えるように再三再四依頼されたが、これを拒否したそうだ。

他の学者がヘスの実験を追試したが、誰も彼と同じ結果は確認できなかった。ヘスはよい人だが、優秀な実験者ではなかった、とピッツバーグにあるバイオメトリック・リサーチ・プログラムのスチュワート・シュタインバウアーが語った。たとえば瞳孔の大きさを計測するとき、写真の内容と関係ない多くの生理的な反応を顧慮しなかった。

現在、科学者の間では瞳孔反応の多くの観点に関していまだに意見が一致していない。しかし二つの項目に関してははっきりしている。否定的なものか肯定的なものかに関係なく興味を感じると瞳孔は広がる。脳が多くの情報を処理しているとき、たとえば、難しい計算問題などを解くときも、同じように反応する。

しかし、瞳孔が脳内のさまざまな状況に反応する理由は一体何なのか？　そこに深い意味があるのか、それともこの行動が他の何かに携わる脳の単なる副産物なのか、わからないままである。

1960年 湯船の中の宇宙飛行士

一九六〇年一月二七日水曜日、八時にデュアン・グラブリーヌはテキサス州サン・アントニオのブルックス空軍基地航空宇宙医学部門で二メートル×二メートルのバスタブに乗込んだ。そして、その七日後の二月三日八時に、彼はそのバスタブから出てきた。二八歳の医師、グラブリーヌは無重力が人体に与える影響を調べたいと考えた。

一九五七年、ソ連の最初の人工衛星「スプートニク」の打上げと共に、宇宙へ最初の人類を送るための競争が始まった。このとき、無重力が宇宙飛行士の身体へ及ぼす、予想される影響を明らかにする必要があった。最初の宇宙飛行士は間違いなく、大気圏へ再突入するときは宇宙飛行する前とは異なる状態である、とグラブリーヌは考えていた。無重力状態で筋肉は痩せてしまうだろう。そもそも、このように衰弱した宇宙飛行士は地上へ戻るときの負荷に耐えられるのだろうか？

この問題の答えを探すために、グラブリーヌは最初にいわゆるベッド安静実験を行った。この実験は一〇名の男性が二週間横になって過ごすというものだった。この方法で無重力状態が宇宙飛行士の身体

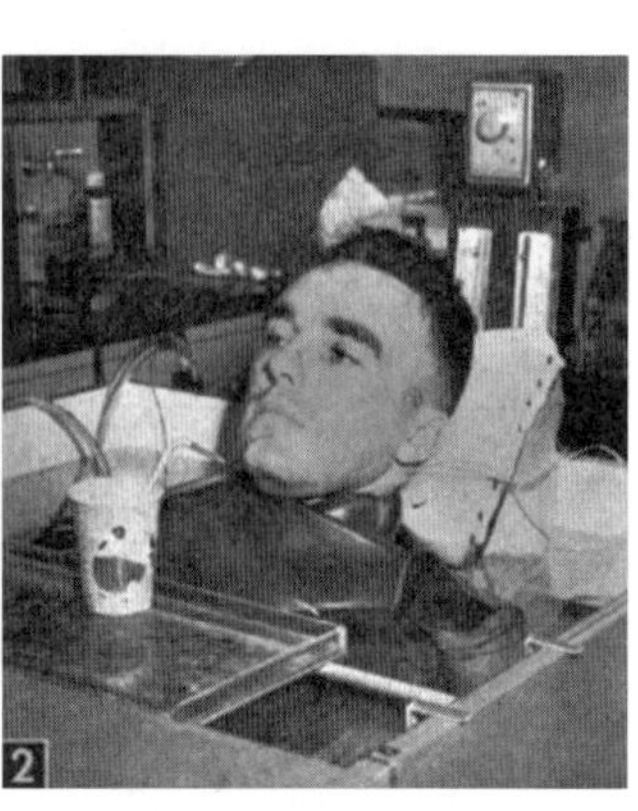

宇宙飛行士候補，デュアン・グラブリーヌは湯船で７日間過ごした．彼は無重力状態が人間の身体に及ぼす影響をシミュレーションしたいと考えた．

にどのような影響を及ぼすかシミュレーションする予定だった。しかし、グラブリーヌは満足しなかった。被験者の男たちは本を読み、髭（ひげ）をそり、ベッドに腰掛け、おまるを避けて内緒でトイレへ行っていたのだ。さらに何もしないで横になっているときも、シミュレーションは完璧ではなかった。宇宙飛行士は無論、活動を制限されるわけではない。彼らはただ、重力のないところで活動するだけだ。解決方法は水中で実験を行えばいい。地球上で無重力状態を最も近い形で再現できるのは水中なのだ。

グラブリーヌは大きなバスタブをつくらせて、その中にリクライニングシートを置いた。このリクライニングシートは宇宙船内の宇宙飛行士用を想定していた。グラブリーヌはダイビング用のドライスーツを購入し、最初のテストを開始した。最も簡単なスーツを購入したが、これにより命の危険にさらされた。とある日曜日、彼は一人で研究室へ向かい、ダイビングスーツの水密性をチェックした。スーツ内に水が浸入したので、彼はズボンと上着の重なり部分にゴムホースを巻いて水密性を改善しようとした。ゴムホースが直接腹部を圧迫しないように、腹部を覆う大きなアルミニウムリングを使い、その上からゴムホースを一二回巻いて、水に入った。しかし、ゴムホースがアルミニウムリングからずれて外れ、彼の腹部を信じられないほどの圧力で締めつけた。このときすでに彼は月曜日の朝、バスタブで死体になって発見される自分の姿を思い描いた。なんて無様な死に方なのだろう、と頭をよぎった。結局、指の一本をゴムホースの下へ入れることに成功し、ゴムホースを一巻きずつ引きちぎることができた。この事故から数週間経っても、幅二・○センチメートルのあざがベルトのように彼の身体の真ん中に残っていた。

実験中のグラブリーヌの一日のスケジュールは次のような感じだった。

八時から十二時、精神運動検査（バスタブの上にあるスクリーンに指定の事象が現れるときに決められたキーを押す）。

十二時から十三時、食糧摂取。グラブリーヌは流動食サスタジェンのみで栄養を摂取。

十三時から十七時、精神運動検査

十七時から二三時、テレビ「石けんはひどいものだった」視聴。彼は今でもその番組名を覚えている。

二三時から三時、精神運動検査

三時から四時、バスタブから出る。医療検査。下着交換。

四時から八時、バスタブへ戻る。睡眠。図らずもグラブリーヌは二時間後には目が覚めてしまったが、身体は回復していた。

実験は予想された効果を示した。グラブリーヌはバスタブをよじ登り外へ出るのが日に日に辛くなっているように感じていた。バスタブでの実験終了直後に遠心シミュレーターを使って行ったテストも、実験前に行ったときより格段に辛かった。

多くの新聞が湯船の中の宇宙船船長について伝えた。グラブリーヌはテレビ番組「トゥデイ・ショー」にも出演した。この番組は当初、グラブリーヌにダイバースーツとフィンを着用してのインタビューを希望した。グラブリーヌはそれを断り、制服でカメラの前に立った。彼は現在、テレビのインタビューを再び受けることがあれば、そのときはフィンを身に付けるだろう、と語っている。フィンを付けていたら、彼のテレビ出演はもっと長く、視聴者の記憶に残っていただろう。

グラブリーヌは後に実験を改良した。被験者は水を通さないヘルメットも被って、実験中は常に水中で過ごした。

一九六五年、NASAはグラブリーヌを宇宙飛行士に選んだ。程なくして彼は、個人的な理由から辞退した。個人的な理由とは泥沼化した離婚のことと思われる。

彼は一般内科医として開業し、二〇〇九年現在、ウェブサイト「Spacedoc」を運営している。

1962年 暗やみでの体内時計

ミシェル・シッフルは日記帳に赤いインクで記していた。これで絶望的な日常に何か気分転換ができたら、と望んでいた。効果はみられなかった。一体ここで何をしているのだろう、と書いた日もあった。次のように書いたこともあった。なんてことだ。どうしてこんなことを思いついたのだろう、と。

一年前に二二歳の地質学者、ミシェル・シッフルはフランスとイタリアの国境のマルグアレイスの中央山塊で地下氷河のある洞窟を発見し、その翌年に二日間か三日間、この場所でキャンプすることにした。それとも二週間でなければこの実験は意味がないのだろうか。それとももっと長い期間？　結局シッフルは時計を持たずに二カ月間以上、洞窟で過ごし、自らの自然のリズムを観察することに決めた。

家族や友人は彼に計画を思いとどまらせようと働きかけた。この氷河の洞窟への出入りは狭い竪穴を通ってのみ可能だった。洞窟内で深刻なけがをしたり病気になったら、準備万端の救助人でさえ救出できないだろう。しかし、シッフルは計画を止めようとしなかった。

一九六二年七月一六日、彼の地下牢へ降りて行った。一トンの装備は前もって共同研究者が氷河の上にあるキャンプ予定地へ運んでいた。装備の内容は、テント一張、ガスコンロ一台、バッテリー、レコードプレーヤー一台、折畳み式ベッド一基、寝袋一枚、濡れないようにアルミ箔で包まれた着替え一式、そして書籍と食糧だった。電話線を洞窟の入り口に架線し、実験中は常に人員二人を配して監視した。起床時、食事時、就寝時にシッフルは常に電話をかけて、現在何時なのか推定して伝えた。実際の時刻は記録されたが、彼に伝えられることはなかった。

実験について書かれた彼の著書、『時間を超えた経験』はマゾヒズムの手引きのようである。洞窟の中は常に湿度一〇〇%、気温は〇℃だった。テント内では凝縮水が発生した。折畳み式ベッドは常に湿った状態で、寝袋や衣類も同様に濡れていた。靴は氷のように冷たい水をたっぷりと吸込んでいた。まるでスポンジのようだった。シッフルは耐えがたい痛みを背中に感じ、意気消沈し、遺書を書くことを考えた。決まった日課は何もなかった。最初は氷河を少しばかり散歩していた。しかし程なく、彼のキャンプから離れることはなくなった。

フランスの地質学者，ミシェル・シッフルは2カ月間，洞窟で時計のない生活を送った．実験を終えたとき，彼は33日間しか経っていないと思っていた．

彼は洞窟の生活が始まってどれくらい時間が過ぎたのか、繰返し見当をつけようとした。レコードの再生時間から時間の感覚を取

実験後の検査へ向かうミシェル・シッフル．60日間，暗闇で過ごした後，彼は自然の光に耐えられなかった．

戻そうとした。しかし、それは失敗に終わった。ときどき、曲の始まりから終わりまで時間が非常に短く思えた。シッフルは満タンのガスボンベを空になるまで燃焼させることも考えた。ボンベの使用時間が三五時間くらいだと知っていたのだ。

九月一四日、実験は終了だとシッフルに電話で伝えたが、彼は信じようとしなかった。彼の計算ではその時点でまだ八月二〇日だったからだ。実際の滞在日数五八日間に対して、彼の計算では二五日間、遅れを取っていた。彼は、睡眠八時間、起きているのが一六時間というそれまでの生活リズムを洞窟内でも実際には維持していた。しかし、それに気付かず起床から就寝までの時間をほんの数時間という印象をもっていた。そのために滞在時間の合計の見積もりがまったく的外れだったのだ。

新聞雑誌は「孤独の洞窟研究者、休暇を地下一三〇メートルで過ごしベートーヴェンを聴く」と熱狂的に伝えた。実験終了時のシッフルの写真は世界中へ配信された。介助者に支えられ、実験後の検査のためにパリへ向かった飛行機から降りるところを撮影されたものだ。自然の光から眼を守るために大きい黒いサングラスをかけていた。彼は科学界の英雄になったのか。他の洞窟研究者の反応は否定的だった。多くが実験の科学的な価値に疑問をもち、シッフルが自己顕示を望んだだけだと思っていた。

しかし、シッフルは自らの実験の重要性を信じて疑わなかった。そして隔離実験を続けた。一九七二年、テキサスのミッドナイト・ケイブで二〇五日間、一人で生活した。NASAは実験を支援した。人間の睡眠周期に関する知見は長期間宇宙に滞在するためには重要なことだと考えたのだ。

新世紀の夜明けをシッフルは地下で迎えた。六〇歳だった。一九九九年一一月三〇日、彼は二カ月間、南仏のクラムスの洞窟で俗世間と離れて過した（睡眠研究のための異常な実験に関しては、110ページ、ならびに『狂気の科学』、35、38、95ページ参照）。

1964年 なぜ誰も助けない？

一九六四年三月二七日、『ニューヨーク・タイムズ』は一五五年の歴史の中でも最もショッキングな記事の一つを発表した。その書き出しはこうだった。クイーンズ、キューガーデンで殺人犯は女性にしつこくつきまとい、彼女を刺した。三八人の誠実で法律を尊重する市民は三〇分以上、現場を傍観していた。被害に遭った女性の名前はキティ・ジェノヴィーズ。二八歳。その夜、死亡した。

ニューヨークでこのような犯罪は頻繁に発生するので彼女の死自体に対しては読者はさほど驚かなかった。読者の心を揺さぶったのは現場周辺の人たちの反応だった。新聞の記事によると、女性は繰返し助けを求めて叫んだが、襲われている間に窓から外を見た近隣住民は誰も警察に通報しなかった。消極的だった理由を尋ねたところ、住民の一人が答えた。巻込まれたくなかった、と。

マスメディアが三八人の目撃者を十羽ひとからげで冷酷なならず者として伝え、政治家は米国社会のモラルの崩壊を嘆いた。そんな中、二人の若い心理学者がニューヨークで夕食を共にとっていた。ジョン・ダーリーとビブ・ラタネはキティ・ジェノヴィーズ事件について一晩中語り合った。彼らは目撃者の反応を社会心理学の観点から検討した。目撃者にモンスターの烙印を押した新聞とは異なる観点だった、とダーリーは振り返る。

二人は、目撃者全員が平均以上に悪い人間だとは思えなかった。それにしては三八人という人数は多過ぎる。各人の異常な人格が集団の行動の原因であるとの説明に対しては、ダーリーとラタネは社会心理学者として根本的に疑念を抱いていた。二人はごく普通の集団心理学的手法を使ってその事件を説明しようとした。その際、二人は二つの可能性を思いついた。

1．責任の分散。その場に居る人数が増えていくと、自分に助ける責任があるという感覚が薄らいでいく。

2．状況の定義の問題。自分よりわかっている人たちが助けていないということは、おそらく緊急事態ではない。

しかし、この仮説はどのように検証できるのだろうか。その日の夜、ダーリーとラタネは実験の計画を練った。この実験は後に二人のキャリアの中で最も有名な実験になった。ジョン・ダーリーは今日、そのことを少し不満に感じている。ずっと以前の業績で有名だということは、それ以後は新たにそれ以上の仕事ができていないということでもあるので、研究者なら誰もそれを心からは喜ばないだろう。

責任分散の効果が実際に存在しているか確認するために、状況の定義の問題が責任分散の効果に影響を及ぼすことのない状況をつくった。それは、二つの効果が目撃者の消極性に与えた影響を、個別に特定するために必要だったからだ。キティ・ジェノヴィーズの殺人事件のような緊急事態の場面をダーリーとラタネはつくる必要があった。つまり、他の人たちがそこにいたことをわかっていたが、彼らの反応を観察できなかったという場面だ。この殺人事件では、窓辺に居た他の目撃者がすでに何か行動を起こしていたか、目撃者は知る由もなかった。

解決策はじっくりと検討された。被験者の一人が研究室を訪れた。長い廊下に小さい部屋が並んでいた。実験者は被験者をその一室へ案内し、マイク付きのヘッドホンを着けさせる。学生生活問題のグループディスカッションに参加すると、ヘッドホンを通じて被験者へ説明する。さらに、多くの人にとって、互いに姿が見えない方が気軽に話しやすいので、他のディスカッション参加者は別の部屋に居て、ヘッドホンとマイクでつながっている、と。実際には、この後に起こる緊急事態に他の参加者がどのように反応するか、見えないように隔離したのだった。

活発な討論を抑えることのないように、実験者自らはディスカッションを聴かないと説明した。ディスカッションは自動スイッチでコントロールされ、ディスカッションの参加者は全員、最初は順番に二分間、自らの問題を話すことになる。その後、もう一度、二分間、語られた問題に対してコメントしてもらう。誰かが発言している時は他の参加者のマイクのスイッチは切られる、と伝えられた。しかし、実際には、被験者以外の発言はすべて事前に録音したものだった。

一人目の発言者は若い男性で、ニューヨーク生活に慣れることが難しいと語った。さらに、ストレスを受けるとてんかんの発作が起こるとも述べた。発言は次の話し手（録音テープ）へ引継がれ、被験者は最後に発言した。二巡目では一人目の声がどもり始めた。「私が、え…、あっ…、お…、思うのですが、え…、ひ…、必要…、だ…、誰か、あ…。」七〇秒ほど過ぎると、その学生がてんかんの発作を起こしていることがはっきりとわかった。「だ…、誰か、た…、た…、助けて（咳き込む）。し…、死にそうだ。」

　実験者は発言者がども り始めるとストップウォッチを作動させて、被験者が彼を助けるために部屋を出たところで止めた。結果は驚くほどはっきりしていた。被験者がこのディスカッションの参加者は二人、つまり、てんかん発作を起こした学生と自分の二人だと聞いていた場合は、八五%が助けに走った。平均して五二秒後に行動していた。参加者が二人ではなく三人と聞いていた場合は六二%が反応した。行動開始まで二分以上かかっていた。

　実際に、緊急時に居合わせた人の数が増えると、自らの責任が分散する傾向が強くなるようだ。状況は逆説的である。犠牲者は、目撃者が多くいることを望んではいけない。極力少ない人数、たった一人が一番だと望むべきだ。

　皮肉なことに、よりにもよって目撃者の数が多かったことが、キティ・ジェノヴィーズの殺人の際に彼女を救うことを妨げたのだ。彼女の悲鳴を聞いたのが一人だったとしたら、彼女は命を落とさずに済んだのだろうか。それとも同じ結果に終わったのだろうか。

　『ニューヨーク・タイムズ』の記事から四〇年以上過ぎてから、この記事を書いた記者が事件のことに正確を期したわけではなかったことが判明した。弁護士、ヨセフ・デ・マイは仕事の空き時間に事件について綿密に調べ、ジャーナリストが書いた内容の多くが事実と異なっているという結論に至った。たとえば、三八人の目撃者の多くは何も見ていなかったし、何人かは何かを聞いていたが、カップルが大声で言い争っているものだと思っていたのだ。彼女が襲われているところはこの建物の反対側で起こった出来事だったのでほとんど見えていなかった。そのうえ、目撃者の一人は警察に通報していたのだ。

社会心理学で最も重要な実験の一つは、『ニューヨーク・タイムズ』の過度に誇張された記事から始まった。

しかし、印象的な結果が変わることはない。第二の仮説、「状況の定義の問題」もダーリーとラタネは明確に裏付けることができた。この仮説に関する実験では、彼らは被験者にアンケートを記入させた。被験者が集められた部屋の換気口から大量の煙が突然に噴き出した。被験者が一人だったときには、その四分の三が煙の噴出から二分以内に申し出た。被験者が三人だったときは実験責任者へすぐに通報したのは一三%だけだった。

数人はその部屋が煙で充満してアンケート用紙がほとんど見えなくなっても静かに座り続けた。明らかにみんなはこのように考えていたのだ。つまり、他の人が煙を緊急事態だと定義していなければ、緊急事態ではないのだろう。その際はっきりとは理解していなかったことは、もし全員がそのように考えれば、緊急事態は決して緊急事態とは認識されないことだ。

このように人間の本質が麻痺している状態に対して何ができるのだろう。ダーリーは、被害者が集団の中のただ一人に向かって助けを求めることが重要だ、と語った。一人に向かって助けを求めれば責任の分散を打ち砕けるからだ。米国ではライフセーバー養成時に「状況の定義の問題」が取扱われる。海水浴客が本当にトラブルになっているのか、ただパシャパシャ水を掻（か）いているだけなのか判断するために、ライフセーバーが他の人たちのリアクションに引きずられることは許されないのだ。

これを読んでいるあなた自身、この章を読むことで、どのような状況でも自らが率先して介入する方法を学んだのだ。実験参加者がダーリーとラタネの実験を知っている場合、実際に緊急事態に助けに走った人の数は、この実験を知らない人のほぼ二倍だった。

1964年 デビル対ベルゼブブ

アルコール依存症を治療する最古の方法はローマの学者、大プリニウスが紀元後一世紀に提案したものだった。アルコール依存症患者のグラスにクモを何匹か入れるのだ。彼はこの方法で嫌悪療法の基礎をつくることになるとは知る由もなかった。嫌悪療法では、好ましくない行動（アルコールを飲む）と不快な刺激（クモがグラスの中にいる）を結び付けているのだ。この結び付きの目的は、グラスにクモが入っていなくてもグラスにクモが入っているときのようにアルコールに対して嫌悪の念を抱かせることだ。

この治療法の大きな問題点は、最初のショックがそれほど大きくなかった場合、時間の経過と共に結び付きが弱まり、それにより嫌悪感も弱まることだ。患者が忘れることのない不快な刺激を求めて、医学者はアルコールの摂取と同時に、電気ショックを与えたり、鼻を突くような臭いを嗅がせたり、または嘔吐を誘発する薬を使って実験を行った。

一九六〇年、カナダのオンタリオ州キングストンのクイーンズ大学のS・G・ラヴァーティは新しいアイディアを思いついた。彼の被験者に物理的な処置ではなく、死の恐怖を抱かせた。

四年後、彼はある実験で、患者にお気に入りのアルコール飲料を勧め、瓶とグラスを手に取って嗅いで、一口飲むように促した直後、神経筋遮断薬スクシニルコリンを患者に気付かれないように血管に注射した。このとき使用した注射針は点滴用のもので、事前に何かしらの口実を使って患者に取付けてあったものである。

スクシニルコリンは筋肉を完全に麻痺させて呼吸も止める薬剤だ。患者はこの状況で瓶を持てなくなるので、代わりに実験者が瓶を持ち、患者に一分間、アルコール飲料の匂いを嗅がせた。呼吸がそのときにまだ再開しない場合は、人工呼吸器を補助に使った。被験者の大半は後に、呼吸が止まったときには自分はもう死ぬと思った、と語った。人生でこんなにも大きな不安を抱いたことはなかった、と。

アルコールの摂取と連鎖した刺激でこれ以上激しい刺激はほかにはないにもかかわらず、結果はさまざまだった。アルコール依存症患者の一人は手近にあった次の瓶を壁に向かって投げつけたが、それすらできない患者もいた。グラス一杯のウイスキーの力を借りてショックをぐっと飲んで紛らわしたいと思ったり、ネガティブな刺激と連鎖していない他のアルコール飲料に乗換えた患者もいた。

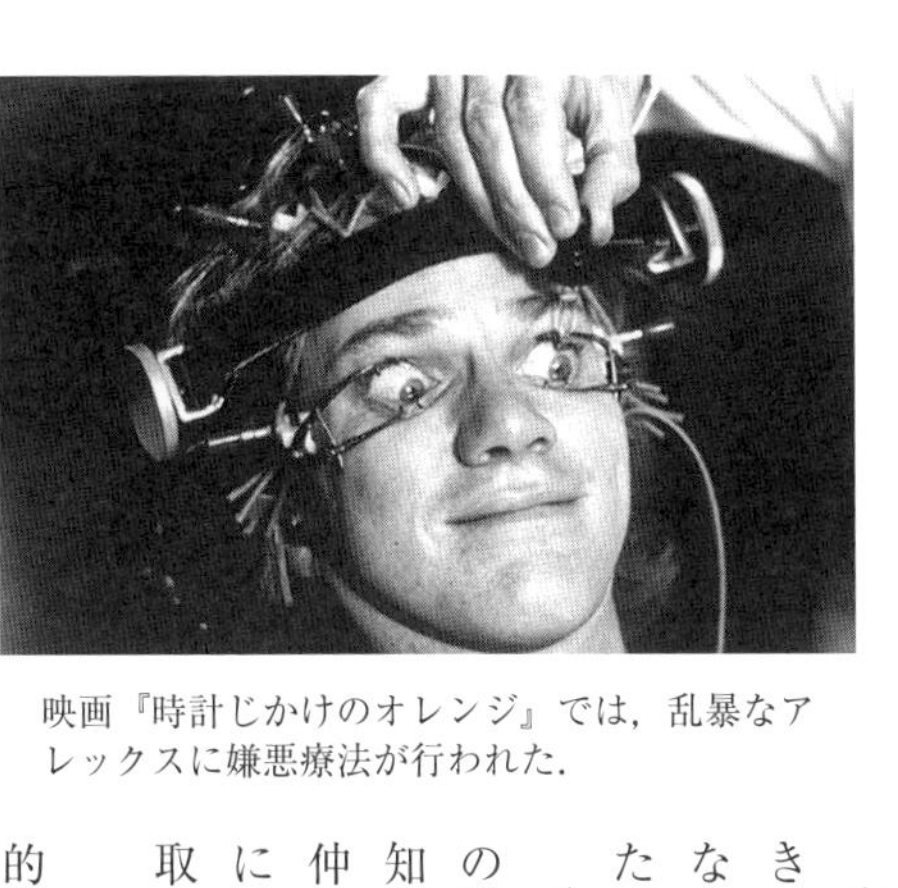

映画『時計じかけのオレンジ』では，乱暴なアレックスに嫌悪療法が行われた.

療法には思いがけない副作用もあった。車に不凍液を補充したときに呼吸困難になった患者や、アルコールを飲んだ妻にキスができなくなった患者もいた。患者の大半がしばらくすると再び呑み始めた。

呼吸停止を伴う嫌悪療法を行うことは、今日ではなくなった。その効果が疑われるだけではなく、死の恐怖にかられることを本人に知らせずに実験を行うことは考えられないからだ。ラヴァーティと仲間たちの良心の呵責を感じない実験はこの時代の別の実験と共に、今日の倫理学の授業では、反倫理的な実験の典型的な例として取上げられている。

アルコール依存症だけではなく、ギャンブル依存症、過食症、性的異常性でも嫌悪療法が使われた。ホモの男性に裸の男性の写真を見せると同時に電流を流し、女性のヌード写真を見せるときは電流を止めたままにした。

人間が再プログラミング可能な反射行動の集合体でしかないという乱暴な考えが、一九六〇年代に嫌悪療法を発展させた。一九六二年には、小説家アンソニー・バージェスが『時計じかけのオレンジ』で批判的にこの問題と取組んだ。一九七二年にはスタンリー・キューブリックが映画化した。それ以来、いすに縛り付けられ、見開いた目をクリップで固定して「治療」を受ける乱暴なアレックスの画像とこの種の治療がしっかりと結び付いている。

現在、アルコール依存症に対してアンタビュース（ジスルフィラム）を使った治療が広く使われている。この薬を服用しアルコールを飲むとすぐに吐き気を催す。多くの患者が、そのような治療法をやめたのは当然なことだった。

この治療の効果は異論があり、さらに電気ショックを使う治療は第三者にとって拷問と紙一重だったが、嫌悪療法は人間同士で執拗な質問、解釈、評価をする治療よりも患者に好まれることが多くあった。ウエストフロリダ大学の心理学者、ウィリアム・ミクラスは著書、『変容行動法』にこのような見解を記している。

1964年 ランディ・ガードナーは眠らない

一九六四年一月三日、ウィリアム・デメントは新聞で短い記事を発見した。ポイント・ロマ高校の生徒、ランディ・ガードナー（一七歳）は木曜日に、不眠の世界最長記録、二六〇時間の更新を目指した実験の折返し地点に達した、というものだった。デメントは受話器を取るとサンディエゴのランディの両親に電話した。

精神科医、ウィリアム・デメントはカリフォルニアのパロアルトにあるスタンフォード大学に勤務していた。彼は主導的な睡眠学者だったが、極端な睡眠遮断が人間にどのような影響を及ぼすか、正確には知らなかった。人を長時間眠らせない実験の初期にはほとんどがショーとして行われて、科学的に実験として裏付けられていなかった。ランディが更新したいと思った記録は、さかのぼることその五年前にハワイでディスクジョッキーが打ち立てたものだった。

デメントはランディ・ガードナーという人物を、極端な睡眠不足をモチベーションの高い被験者で研究する、一回限りの機会と見た。しかも彼は研究費申請の必要さえなかったのだ、とデメントは著書『睡眠の約束』で振返った。彼がサンディエゴのランディの両親と電話で話し、世界記録挑戦中に息子を観察したいと許可を申し出ると、何の抵抗もなく受入れられた。医師が立ち会ってくれることに二人は喜んだ。両親は息子に障害が残るのではないかと気遣っていたのだ。不安には理由があった。最初に記録された、一八九四年のイヌを使った実験では、イヌを眠らせず、四日から六日後に死亡した（『狂気の科学』、35ページ参照）。人間はさらに長く眠らずに起きていることができるが、どれくらい起きていることが可能なのか、その結果何が起こるか、わかっていなかったのだ。

ランディの企画は彼の学校の自由研究で発表された。自由研究は生徒各自が何か一つ、科学プロジェクトに取組むというもので、一九五〇年代以降、米国の学校で日常学習に欠かせない要素になっている。彼は一九六三年一二月二八日六時に起床してから一一日間、眠らずに過ごそうと考えた。学友が二人、記録挑戦に付添った。どんな名声をこの挑戦で得ることになるのか、彼にはわからなかった。この挑戦の動機が何かという問いかけに対して、極端なことに関心があり、特にその挑戦は不可能だと言われる

学校の自由研究として始まったことがマスコミに取上げられるようになった．17歳のランディ・ガードナーは264時間，眠らなかった．同級生2人が昼夜，彼に付添った（写真左）．後に睡眠研究家，ウィリアム・デメントが彼を調査した（写真右）．

ことに感興を覚えるからだ、とランディは答えた。

デメントはサンディエゴに到着すると、ガードナー家の近くのモーテルに部屋を取ったが、ここを使用することはほとんどなかった。ランディが眠り込まないよう、目が離せなかったからだ。しかし、彼自身が徐々に睡眠不足に苦しむことになるとは、計算に入れていなかったのだ。彼は誤って一方通行路へ進入し、危うくパトカーと衝突しそうになったこともあった。警官は怒り狂っていた。状況を説明しようとしたが、彼の発言が状況をさらに悪化させた。この事件の後、ランディを一人で監視することは不可能だとデメントははっきり自覚した。そしてサンディエゴに居た同僚、ジョージ・グレビッチに協力を求めた。

最悪の時間帯は初日から常に夜明け直前だった。この時間帯にはいつも、目に砂が入ったときのように、チクチクと感じた、とランディは後に睡眠遮断の影響について語った。早朝、ランディは特にイライラして、目を覚ましているように、と付添っているデメントたちを時折罵（ののし）った。

ランディと監視役はドーナッツショップで徹夜をしたり、ゲームセンターへ行ったり、ランディの家で音楽を聴いた。ビーチボーイズのレコードを聴いても起きていられないときには、デメントは彼をバスケットボールコートへ引っ張っていき、少しプレーした。バスケットボールは常に効果があった、とデメントは回顧している。メディアの物凄い関心がランディのモチベーションの一部になっていた。新聞は連日、不眠のキングについて報じ、『ライフ』誌はカメラマンを、CBSテレビはカメラクルーを現地へ送った。

当初予定の期間の半分を超えると、ランディの呂律（ろれつ）が回らなくなった。話し始めても言おうとしたことを最後まで話せなかった。その頃から、すべて下向きになった。高揚した気分はなくなり、どん底になった。誰かが脳を紙やすりで削っているように感じた、と彼は語っている。

一月八日水曜日、ランディは朝五時に記者会見を開いた。その二時間前に彼はバスケットボールでデメントを何度も負かしていた。早朝だったが、新聞記者やカメラマンの集団が押し寄せてきた。ランディの受け答えや態度は非の打ちどころがなかった、とデメントはそのときのことを思い出す。彼は一回も言い間違いをすることなく話した。記者会見が終わってから彼はバルボアパークの海軍病院へ向かった。二六四時間と一二分に及ぶ睡眠遮断を終え、六時一二分から眠りに入った。装置を装着し、脳波を測定、記録した。

彼が寝ている間にデメントとグレビッチはレポーターの質問攻めに遭っていた。その質問のなかに、彼は再び目を覚ますのか、どれくらい眠るのか、というものもあった。前者の質問に対する答えは、後者のそれよりも簡単だった。彼がその先、どれくらい眠るのかまったくわからなかった、と彼は後に書いている。水曜日の夜、九時八分前、質問に答えが出た。ランディは一四時間四〇分後に目覚め、ほぼ完全に回復した。それからシャワーを浴び、インタビューに答えた。ランディは真夜中まで目が冴えていて、そのまま眠らずに翌日学校へ行くことにした。睡眠研究で最も有名な実験の一つの終幕は期待を裏切るものだった。デメントは冷静になった。驚いたことに、回復時間は短かったのだ。本来ならばランディが実験期間中に取るべき睡眠時間は約七五時間くらいだった。しかし、わずか一五時間ほどベッドで疲れを癒しただけで、起床したのだった。一晩飲み明かしてから眠った程度のことだった。さらに、実験中のランディにみられた集中力の欠如、視覚障害および反応能力の低下などの症状は、睡眠遮断時間がはるかに短い場合に現れるものと同じ症状でしかなかった。一、二週間の間、眠らなかった、またはほとんど眠っていない人を通して、睡眠の重要な生命維持機能を解明する手掛かりが得られると期待したが、その期待は外れた、とデメントは後に記している。

ランディの業績はギネスブックに記録されたが、その記録はすぐに何回も破られた。しかし、新たな記録保持者の誰も、サンディエゴの一七歳の高校生のように大見出しで取上げられることはなかった。睡眠遮断の専門家の間では、新しい記録に塗替えられてもそこから新しい知識はほとんど発見されないという意見が大半を占めるようになったからだろう。できるだけ長時間起きているという実験がどれだけ人体に害を及ぼすか、はっきりしないままだったので、今日ではこの実験の記録はギネスブックに載らなくなった。

（睡眠研究に関するその他の異常な実験は100ページ、ならびに『狂気の科学』、35、38、95ページ参照）

1965年 コミュニケーションの道化師

一九六〇年代にハロルド・ガーファンケルの学生と親しい者は、何が起こっても驚かない心の準備が必要だった。ガーファンケルは当時ロサンゼルスにあるカリフォルニア大学の社会学教授だった。彼の学生たちは出し抜けに奇妙な態度をとっていたようだ。

ある女子学生の夫は金曜日の夜、テレビの前で「疲れた」と口にした。すると次のような会話が展開された。

「疲れたって、肉体的に？　それとも精神的に？　または退屈なだけ？」

「わからないけど、特に肉体的に疲れているんだと思うよ」

「つまり、筋肉が痛いということ？　それとも骨？」

「何を屁理屈こねているんだ？」

少し間を置いて、こう続いた。「このような昔の映画で出てくるベッドフレームは、どれも同じような鉄製のものだね」。

「何が言いたいの？　昔の映画は全部なのか、それともそのなかのいくつか？　それともあなたが観た映画ではそうだったの？」

「どうしたんだ？　僕の言っていること、わかるだろう？」

「もっと具体的に話してほしかったの」

「そんなことわかるだろう？　黙れ」

ガーファンケルは彼の学生に、日常会話で会話の相手にその発言をさらに明確に話すように主張するよう、任務を与えたのだった。この試みはほぼいつも、最後は喧嘩で終わった。

「調子はどう？」

「調子はどう、って、健康のこと？　懐具合？　学校の課題？　精神状態？　それとも…？」

「よく聞けよ。礼儀正しく話しかけようとしたのに。本当は君の調子がよくても悪くても、僕の知ったことじゃない」

このような主張を使って、ガーファンケルは人が語るときの表現がいかに不完全か、明らかにさせたいと思ったのだ。驚くべきは、不完全なことに誰も煩わしさを感じていないことだ。それどころか、まったく反対である。完全に正確に、的確に表現すること、また矢継ぎ早の質問は、煩わしいと受取られるのだ。彼は確信していた。スムーズな意思疎通は、まさに逆説的だが言葉の曖昧さをベースにしているのだ。われわれは互いに完全には理解できないが、互いに理解していると信じている。

散漫な文章から安定した意味を築くために人間が用いる戦術をガーファンケルは「エスノメソドロジー」と名付けた。このとき、たとえば話し手の仮定は、文章は曖昧ではなく、客観的かつクリアではっきりと事実を定義している、というものだ。反対に聞き手の出発点は、話し手の言っていることは首尾一貫していて論理的に構成されている、ということだ。われわれの会話で、どれくらいの共有された予備知識、どれくらいの暗黙の了解が基本になっているのかを示すために、彼はこの暗黙の了解を壊すことを考えた。いわゆる違背実験である。「私はいつも日常の出来事から話しはじめて、いかにして相手の腹を立たせるかを、考えていた」。彼は自らの著書『エスノメソドロジーの研究』に記している。

彼の伝説的な実験のために彼は学生に次のようなことを依頼した。自宅で一五分から一時間、家族ではなくて下宿人のように振る舞い、その学生が共通の社会的記憶をもっているという前提を覆すことだった。反応は驚くほど冷ややかだった。

大学で課題がたくさんあったのか、彼女とケンカしたのか、と他の家族は疑いながらその学生の奇妙な振る舞いに意味を見いだそうとした。その振る舞いに意味を見いだせないと、怒りが増していった。

ある学生の両親は息子に出ていくように強く勧める始末だった。

ガーファンケルの実験はあまりにも伝説的なので、今日米国では、特定の文化がもっている暗黙の規則を意図的に破ることを「ガーファンケルする」と表現するようになった。

しかし、実験は常に理解されていたわけではない。ある女学生がその姉妹に彼女の奇妙な行動の理由を説明すると、その姉妹はこう言ったのだ。その実験はもう辞めるように。自分たちはマウスじゃないのよ、と。

1966年 梱包の芸術家

それは奇妙な依頼だった。そのような依頼は害虫駆除の専門家スティーブン・テンドリッチにとって初めてだった。通常は、マイアミの住民が、ゴキブリがキッチンを徘徊したり、屋根の梁(はり)がシロアリの被害に遭うと、絶望的になって彼に電話して害虫駆除を依頼していた。テンドリッチが依頼主を訪ね、ペストマスター土壌燻蒸剤1やダウエチレン酸化剤を散布すると、問題は解決した。しかし、一九六六年春、彼のところへ電話をかけてきた若い男性の用件はいつもと異なっていた。テンドリッチへの依頼は島全体を動物から解放できないか、というものだった。

エドワード・O・ウィルソンはテンドリッチにコンタクトする前、すでに多くの害虫駆除会社へ電話をしていて、多くは冷やかしだ、と思っていた。

しかし、ウィルソンの大胆なプロジェクトは真面目なものだった。これは生態学で最も有名な実験の一つになり、その結果の解釈は研究者間で論争を招き、これは現在も続いている。

ウィルソンはハーバード大学の生物学者で、アリをこよなく愛していた。彼は動物や植物の地理的分布を研究する生物地理学に携わっていた。彼以前の他の自然研究者と同じように世界中を旅して、どんな種をどこで見つけたか、書き留めていた。興味深いが不満足な内容だった。どの種がどのような理由からどこで生息し、どんな種の共存が可能で、なぜ死滅を繰返してきたのかについての理論はわずかしかなく、しかも検証もされていなかったためだ。ジャーナリストのデイヴィッド・クオメンは著書『ドードーの歌』で初期生物地理学のことを隙があり、描写は不完全で、数量で表現できない、首尾一貫しない、と述べている。

ウィルソンは自らの記録内容に規則性があることに気が付き、背後に何らかの理論があると確信した。生物学者ロバート・マッカーサーも同様に考えていた。彼は種の分布に関する理論を構築するためにウィルソンと手を結んだ。一九六七年に二人が発表した著書『島の生物地理学の理論』には、多くの生物学者を悩ませる数式が含まれていた。その数式により、隣接する島または陸地までの距離や島の大きさから、その島に存在する種の数が計算できる、というものだった。

島が種の分布の理論的な考察の鍵だったことにウィルソンはすぐに気付いた。島は海により隔離されていて、それ自体が一つの小さな世界で、他の島と比べやすい。ウィルソンの推測では、島の大きさに応じてその島に生息可能な種の最大数が決まっているのではないか、というものだった。彼は、新種のアリが島に移り住むと、すでに生息していたアリが絶滅したことを観察していた。自然の平衡が生じるのだ。

数学に精通したマッカーサーは、この観察結果から方程式を構築した。その際、まず、まったく動物の生存していない島を想定して定式化を始めた。そのような島に最初に移入した動物種は、競争相手がいないので、すぐに定着するだろう。しかし、後から来る種にとっては、島にすでに生息する種の数が多いほど、種の維持が困難になる。つまり、既存の種の数が多いほど、流入して定着する種の数は減少する。さらに、もう一つの効果がある。それは、島に生息する種の数が増えると、すでに流入していた種が絶滅する確率が高くなるということだ。移入してくる種の数と絶滅する数が同じならば、島にいる通常の種の数の上限に達する。その上限を決める要因は二つある。島の面積と島と陸地の間の距離だ。島の面積が大きくなるに従って、その島で共に生存できる種の数は増えて、島と陸地の距離が離れて孤立するほど、移入してくる新しい種の数は減少するのだ。

素晴らしい理論だ。しかしこの理論は正しいのだろうか？ ウィルソンとマッカーサーは理論を検証するためにデータを探した。インドネシアのジャワ島とスマトラ島の中間にある小さい島、クラカタウにたどり着いた。一八八三年の火山噴火で生物は全滅した。この自然災害の後にこの島を訪ねた旅人による観察から、ウィルソンとマッカーサーは、島の種の移入から平衡状態までの再現を試みた。いくつかの点で計算はクラカタウの状況と一致していたが、一致しない点もあった。データは不完全だった。ウィルソンはすぐに気付いた。自分のための

エドワード・O・ウィルソン（写真）とロバート・マッカーサーは“島の生物地理学の理論”を築き，複雑な数学を多く用いた．理論をテストするために，ウィルソンと博士課程の学生，ダニエル・シンバロフはフロリダの小さい島を燻蒸した．

「クラカタウ島」が必要だった。つまりそこに生息する生命を根絶させることが可能で、新しい種の移入を待てることができる島だ。

しかし、どのようにしたらいいのだ。平衡状態ができるまで一〇〇年要するのではないか。それに、事務的な問題もあった。このような実験に誰が許可を出すだろうか。比較を可能にするためには複数の島が必要だった。

ウィルソンの解決策はシステムの縮小だった。彼は、若干のマングローブが育つフロリダの湿地にある半分氾濫（はんらん）した砂地を数箇所、この実験のために選んだ。これらの島には哺乳類も鳥類も恒久的に生息していなかった。しかし、昆虫類やクモやその他の節足動物が多くいた。身体がシカの一〇〇万分の一のアリやクモにとって、一本の樹木は森のようなものだ、と彼は後に記している。

最初に彼は実験に選んだ島で既存のすべての種を特定する。次に動物をすべて取除き、最後に、移入種がどのように島にゆっくりと再び住み着くようになるのか、そのときに移入と絶滅の間に平衡状態ができるのか、観察したいと考えたのだった。この計画の実行にはおもにウィルソンの博士課程の学生、ダニエル・シンバロフが責任を負うことになった。

これらの小さい島の生命を根絶する許可を、ウィルソンとシンバロフは米国国立公園局から驚くほど簡単に得ることができた。しかし、厄介なことはその後に始まった。島に生息する甲虫、クモ、アリのすべてを特定できる専門家はわずかしかいなかった。ウィルソンとシンバロフが五四人の実験の協力者を見つけるまで、かなりの時間を要した。一人は自らやってきたが、他の協力者には動物や写真を送った。

しかし、最大の問題は別にあった．どのように島の昆虫を根絶できるだろうか。ウィルソンは最初、自然が助けてくれるだろう、と考えた。時折ハリケーンが沼地で荒れ狂うことがあったのだ。だから、ハリケーンが通過すると島はきれいに一掃され、研究に適した状態になるのではないかと期待していた。しかし、彼はハリケーンがどこの地域を通過するのか事前にはわからなかったので、この計画を諦めて、害虫駆除業者、テンドリッチに依頼した。

一九六六年七月、テンドリッチとウィルソンはE1とE2と番号をふられた二つの島で殺虫剤パラチオンを散布した。その島の一方にはコモリザメがいて、ウィルソン自身が腰まで水に入り櫂でサメを追い払うまで、テンドリッチのスタッフは海へ入ることを拒んだ。もっとも散布作戦は失敗に終わった。つまり表面にいた動物類はすべて殺虫剤で死んだが、マングローブの幹深くに潜りこんでいた幼虫は生き残った。

薬剤散布は明らかに深くまで届かず、動物類の絶滅には燻蒸する必要があった。マイアミでは家屋がシロアリの被害にあうと、気密性のナイロンテントで家全体を覆い、毒ガスを内部へ送り込んで駆除する方法が一般的だった。この方法は島でもできるはずだ、とウィルソンは考えた。ブルガリアのアーティスト、クリストが島を防水シートで梱包するよりもずっと前に、ウィルソンはテンドリッチや数人のスタッフと一緒に一九六六年一〇月一〇日、フロリダのキースのマングローブの島へ向かい、島を梱包したのだった。樹木に直接掛けようとしたが、防水シートは重すぎた。一つ目の島では、彼らは足場を組立てたが、後には島の中心にマストを立てて、テントを張った。

その前に臭化メチルの配合を決めるためにテンドリッチは小さい樹木や枝でテストをして、動物類が死ぬがマングローブは影響を受けない程度の濃度を探ってあった。しかし、樹木のうち一本が、第一回目の実験開始から三時間後に毒を散布したテントでダメージを受けた。もっとも、その原因は散布した

ウィルソンは，種の分布に関する自らの理論を検証するために労をいとわなかった．彼はフロリダの小さな島を梱包し，動物種をすべて抹殺した．

薬剤ではなくてテント内の温度が高かったためだ。そのときから作業は夜に行うことにした。上手くいった。燻蒸後のチェックで、ウィルソンとシンバロフは実際に生き残った動物を見つけることはなかった。

ここでシンバロフの作業が始まった。一年間、彼は定期的に四つの島へ出向き、種の生息状況を観察した。最も孤立した島を除いて、二五〇日後に彼が島で見つけた種の数はほぼ一定でほとんど変化していなかった。数は燻蒸前の値に落ち着いていた。明らかに、実際に島の面積と存続している種には関係性がある。二年後、島に生息している種を新たに特定した。種の数はほとんど変わらなかったが、新しいものが移入し古い種は消え、ウィルソンとマッカーサーの動的平衡の考えが確認された。

島の生物地理学は外来種に関する専門分野だったが、その試みはすぐに有名になった。生物地理学を記述するだけの科学から実験によって検証する科学へ変えただけではなく、この結果が島以外にも当てはまったからだ。

ウィルソンとマッカーサーは、著書『島の生物地理学の理論』ですでに、水に囲まれている土地は「島」の一形態でしかない、と指摘していた。周辺を遮断された場所はすべて、「島」といえるかもしれない。これは熱帯林において伐採から残って孤立した部分にも当てはまった。一九七五年、米国の自然研究家、ジャレド・ダイアモンドは、これが自然保護区を設定するうえでいかなる意味をもつかについて、次のように述べていた。一つの大きな保護区には、総面積が同じ複数の小さな保護区よりも、多くの生物が生息でき、それゆえより重要だ。

この命題は一九七〇年代終わりに異常なほど激しい論争を巻き起こした。この論争はその頭文字をとって「ＳＬＯＳＳ（single large or several small）」と略してよばれるようになった。反論は思わぬところから起こった。反論を述べたのはシンバロフだった。直前にはウィルソンとマッカーサーの理論を地球上の生物の多様性を保護するために適用できるだろう、と彼自身述べていた。しかしこのとき、シンバロフ自身、実験の結果が自然保護に有益なのか、もはや自信がなくなっていた。彼がなぜ心変わりをしたのかは今日でも不明である。おそらく、マングローブの島の新たなデータによるものだったのだろう。面積の広いマングローブの島に生息する種が、複数の他の面積の小さい島のそれよりも、必ずしも多いわけではなかったのだ。

シンバロフや彼と意見を同じくする他の学者は、自然保護運動の異端者の烙印（らくいん）を押された。

アマゾンで行われた大規模な実験でこの問題を解明しようと試みたが、失敗に終わった。樹木は伐採され、さまざまな面積の原始林の「島」がつくられた。しかし、結果は予想よりも複雑だった。あれこれと条件や何やら付けられて、ＳＬＯＳＳ問題にきっぱりとした決着をつけることはできなかった。

1967年
機能しないうそ発見器が機能するとき

一九六七年春、六〇名の被験者はある装置と向き合っていた。そのいかめしい装置は四つの大きなケースで構成され、テーブルの隅に二つずつ積み重ねられていた。その正面にもつれた配線図が認識され、数十のコンセントからケーブルが縦横にテーブルの上の他の機器と繋がっていた。テープレコーダー、電圧計、そして黒いボックスだ。この黒いボックスからハンドルが飛び出していた。この装置はまるでホラー映画に登場するコンピューターのようだった、とハロルド・シガールは今日、表現している。

現在メリーランド大学の心理学科の教授を務めるシガールは、当時はニューヨーク近くのロチェスター大学で研究していた。この装置の名前は筋電計。表向きはわずかな筋肉の動きを計測できる装置だが、驚くべき特質があった。被験者はこの特質について何も知らされなかった。この装置はなんと機能しないのだ。大学の地下室に置かれていたその装置は、廃棄された電子製品の山にほかならない。彼の同僚、リチャード・ペイジが物理学科で集めてきたものである。しかし、シガールが考えていた画期的な実験にとって、それはとるに足らないことだった。唯一重要だったことは、被験者がこの装置が機能している、と信じることだった。

心理学が科学の一分野になってから、研究者たちは人の心の中を見ることが可能になる、と夢見ている。しかし、人間は一般的に自らの心の内を口にすることはないので、内面の解明は間接的にのみ可能である。つまり質問をするという方法によって、だ。あなたは今、何を考えていますか？　あなたは何を感じていますか？　こんなことが起こったとき、あなたはどうされますか？　このような質問に被験者が真実を語っているかどうか、確認する方法はないのだ。

シガール、ペイジ、そしてこの実験に三人目が加わった。心理学者、エドワード・E・ジョーンズだ。三人は人間の心の奥底を直接確認する方法を見つけたと信じていた。なお、この方法には小さいうそが必要だったので、ジョーンズはこの手法を「インチキ経路」と命名した。

心理学の実験では当時、うそが横行していた。そしてこの悪だくみの一つからジョーンズやシガールは決定的なアイディアを思い付いた。その悪だくみとは、被験者が身体機能に関する偽のフィードバックを受ける、という実験だった。ある研究者は、たとえば男性に一〇枚の半裸の女性の写真を見せる。

このいわゆる筋電計は驚くべき性質をもっていた．これは単なる鉄くずの山で機能しなかった．しかし，被験者が機能していないと聞かされるまで，奇妙なことをやり続けた．

このときの心臓の鼓動をスピーカーから聞こえるようにする。少なくとも男性被験者はそれを信じた。実際には録音された心臓の鼓動が流されたのだった。五枚の写真を見たときに鼓動が非常に強く上がり、男性被験者たちはこれを耳にした。その後、彼らが女性の魅力を評価したときに、この五枚の写真に写った女性を上位にランク付けした。明らかに彼らは偽のフィードバックの影響を強く受けたのだった。

シガールとジョーンズはこの考えをさらに広げた。被験者に機械が答えを予測できると信じ込ませることができたら、彼らの態度に影響を与えられるだろう。シガールはそう信じていた。彼らはあえてうそをつくことはないだろう。だれも機械からうそつきだと暴かれたくはないのだから。

そして、彼はペイジに印象深いが無機能の装置を設計させて、この装置で人を騙す方法を考えた。まず確かなことは、実験の成否を判断するために正直に答えることが難しい質問を用意する必要があることだった。

一九六〇年代終わり、アンケート調査から、黒人に対する白人系米国人の考え方は、長年にわたりポジティブに変わってきたことが判明した。しかし、シガールは、白人回答者の多くの黒人に対する偏見は、実際には少なくなっているわけではないと推測した。

彼はペイジと共に六〇人の白人学生に、米国の白人と黒人の特質に関するアンケートに回答を書かせた。彼らは音楽的から怠け者まで、二二の特質に対して両グループを、マイナス三からプラス三の尺度で評価するよう求められた。被験者の半数に筋電計が投入された。シガールは電極を被験者の前腕に固定した。そして、ハンドルを握ると、腕の無意識の筋肉の動きから、筋電計はマイナス三からプラス三のそれぞれの答えを読取ることができる、と彼らに説明した。

その後、彼は被験者に、映画や音楽、スポーツや車など、当たり障りのない質問をいくつかして、装置の正確性を実際に示した。この質問は、被験者が控室で答えたアンケートと同じで、彼らは誰もこの答えを読んでいないと信じていた。実際の実験では協力者が一人、答えを悟られないように書き写していた。シガールは質問をする。そして被験者はハンドルを回さずに、電圧計の針は常に被験者が事前アンケートでチェックした値へ移動した。

このとき、隣の部屋にいたペイジがコピーした答えを持ち、電圧計をコントロールしていた。被験者には、装置がその答えを予言していたのだと思えたに違いない。そのとき、シガールは米国の黒人と白人の特質について質問をした。彼は被験者に、筋電計は事前アンケートのときのように筋肉の動きから答えを読める、と説明した。それから、シガールは、どの尺度で人と感情は結び付いているのか、ということも知りたい、と話した。彼は表示器を覆い隠すと、被験者に対して各質問で機械がどの値を示したか、推測するように要求した。被験者は真実を話さなかったときに、いつも機械に暴露されるのではないかと懸念した。二番目のグループは筋電計とつながっていなかった。したがって、彼らの本心が暴かれる恐れは抱かなかったに違いない。

シガールが推測したように、二つのグループの答えは異なっていた。監視されずに答えられたグループよりも、筋電計をつけた被験者は正直に答えた。白人と比較して黒人のことは明らかに怠惰で信用できず、汚く愚かで、怠け者だと評価した。

実験の終わりに、シガールは被験者に、装置は本物ではなかったことを打ち明けた。被験者は驚き、興味を示し、筋電計をつけなかったとしても、同じように答えた、と主張したのだった。このようにシガールは振り返る。

この方法が機能することは、さかのぼること五〇年前に発見されたうそ発見器と筋電計が似ていることをどの被験者も容易に認識できたことも関係していた。うそ発見器そのもの、そしてうそ発見器を犯罪捜査へ利用することが一般的に知られるようになり、われわれの実験は非常に楽になった、とシガールは『*Psychological Bulletin*』の「インチキ経路」に関する論文に記している。うそ発見器の機能が信頼できることに、科学的な証拠はなかったが（これは現在もないのだが）、印象的な技術と成功した利用例に関していくつかのメディアが取上げたことから、多くの人々に強い印象を与えた。

科学史家、ケン・オールダーがその著書『うそ発見器よ永遠なれ』で書いているように、うそ発見器の成功はシガールの「インチキ経路」と同じ原理に基づいている。うそ発見器のテストを受けた人はうそを暴かれることを危惧し、先に自白することがしばしばあった。ニュージャージー州の高校の校長が一九三〇年代すでに生徒にうそ発見器の模造品の前で過ちを認めさせていたことは、ジョーンズやシガールが「インチキ経路」を開発したときに意識していなかった。また、警察もすでに同じような方法を用いていたことも二人は知らなかった。

「インチキ経路」は人を正直にする華麗な策略の一つだ。この方法は研究においては、先入観や食習慣が話題になるとき、または何に対して不安を感じるかを男性に質問するときなど、うそもつきかねない場面で使用される。

いつも筋電計が必要なわけではない。若者の喫煙に関する研究で、実験者は人の唾液からその人のたばこ消費量を推量できる方法を説明している映画を見せた。映画に続いてアンケートに答える前に、彼らは唾液の提出を求められた。その結果、研究室での分析は必要なくなった。

「インチキ経路」は頻繁に行われるわけではない。この方法は手間がかかるうえ、使用不能になる可能性を内包していたからだ。この方法は単なるショーでしかないと知る人が増えると、うそを信じる人が見つからなくなるのだ。

1968年 マシュマロが二個、そして待て

あなたが、ある四歳児の未来を予言しなければならないとしよう。後に学校の成績がよいか、友達が多いか、ドラッグをやらないか、パートナーとの関係をうまく築けるか。つまり、安定して満足のいく人格を形成することができるか。あなたならどうするだろうか？

子供を専門家に観察させるか？　知能テストを受けさせるか？　脳をスキャンさせるか？　もっと簡単な方法がある。それは、マシュマロテストをすること。つまり、「すぐにマシュマロ一個」か、「後でマシュマロ二個」かの選択をさせるのだ（チョコレートを使うこともできる）。マシュマロ二個をより長く待つことができる子供ほど、人生をより上手に生きることができるだろう。

このように単純なテストの信頼度が非常に高いことは、発見者のウォルター・ミシェルをも驚かせた。その驚くほどの予想精度は、彼がほとんど偶然発見したものである。そしてそれは、彼が欲求充足の先延ばしに関する実験を初めて行ってから、二〇年も経ってからのことだった。

ミシェルは、二五歳の一九五五年夏にカリブ海のトリニダード島を初めて訪れ、その後、毎夏三度続けてそこを訪れた。当時の彼の妻はそこで住民の習慣や儀式を調査しており、彼はそれに同伴したのだった。しかし、程なく彼も自身の仕事を見つけるようになる。

彼は、島での会話を通して、住民が互いをどのように考えているかを知った。インドからの移民にとっては、アフリカ系のトリニダード島民は、楽しむことが大好きで、未来のことは考えずに、今を生きようとしている。逆にアフリカ系住民はインド系住民を、仕事の虫で、日々を楽しむことなく、お金をベッドの下に隠す人間だと考えていた。

欲求にすぐ従うか、あるいはより高次の目的のためにとりあえず我慢するか。この問題に彼が興味をもったことは、偶然ではない。一九三八年に八歳で家族と共にナチスの支配するウィーンから逃げて、米国へ移住したときには、多くの欲求を諦めなければならなかった。「私は中産階級出身だが、米国ではひどく貧しかった。困難な状況からいかに努力して成功するかは、私の生涯のテーマとなった。」

自らの意志で褒美をもらうことを先に延ばす能力が、人間が成長するうえで重要な一歩であることは、長らく定説とされていた。貯金、ダイエット、言語学習など、至る所でこの才能が要求される。しかし、誰も科学的に研究していなかった。

そこでミシェルはトリニダード島の生徒に質問用紙に記入させ、「君たち全員にお菓子をあげよう、だが今日は十分な量の大きなお菓子を持っていない。君たちは、今日小さなお菓子をもらうか、大きなお菓子を金曜日まで待つか選択できる」と、言った。

その際、アフリカ系住民によくみられた父親のいない家庭で育った子供の多くは、大きな褒美を待とうとしないことがわかった。多くのアフリカ系の子供は、白人の実験者が本当に大きなお菓子を持ってくることを基本的に疑い、それもあって、すぐに褒美をもらうことを選んだ。

一九六二年、ミシェルは二人目の妻と一緒に西海岸のカリフォルニアに移り住んだ。パロアルト市のスタンフォード大学で職を得たのだった。そこで彼の最大の発見に貢献したのは、彼の小さな娘三人だった。

一九六六年、スタンフォード大学はキャンパスにビング保育園を設置した。この保育園は研究目的のための託児所である。ここでミシェルは、一九六八年から一九七四年まで、彼の最も有名な欲求充足の先延ばしに関する研究を行った。

ここでの被験者はトリニダード島の生徒よりも年少だった。四歳から六歳までの子供が保育園のいわゆるサプライズルームで机に向かって一人で座る。この部屋はマジックミラーを通して外から観察できる。ミシェルはまず二つの褒美と鐘を一つ机に置き、子供に次のように説明して、部屋を出た。少し長く留守にするが、もし彼が帰ってくるまで待っていれば、大きな褒美がもらえる。もし待ちきれなくなったら、鐘を鳴らせばいい。そうすればすぐに帰ってる。しかし、この場合には小さな褒美のみが与えられる、と。

この方法は実に単純に思える。しかし、実際には多くの予測困難な事項を考慮する必要があった。もし子供が誘惑に負けなければ、実験者はいつまで待てばよいのか？ 予備実験では丸一時間一人で部屋で待っていた子もいた。最終的にミシェルは待ち時間を最大二〇分間に設定した。

子供が我慢できる時間は、もちろん褒美にも依存する。われわれは一度、M&Mチョコレート一粒とその袋詰めを並べて置いた。その結果、大半の子供は袋詰めのチョコを得ようとほぼ永遠に待っていた、とミシェルが思い起こす。しかし、褒美があまりに似ていると、子供はもちろん待つことをせずに小さい方を選ぶ。予備実験で、待ち時間がほぼ〇分から二〇分になるように、褒美の価値を決めた。その際ミシェルがマシュマロも使用したことから、この実験は「マシュマロテスト」の名で知られるようになった。

いわゆるサプライズルーム内の子供．欲求を辛抱する能力を調査する．テーブルの左側に鐘があり，子供が褒美を待てなくなったら，それで実験者を呼ぶことができる．

ミシェルは、誘惑に打勝つために子供が取った戦略を、マジックミラーを通して観察した。幾人かは自らに語りかけた。「もう少し待てばこれがもらえる。彼はまもなく帰ってくるに違いない。絶対だ、帰ってくる」。また、他の子供は歌い始めたり、手と足を使った遊びを考え出した。さらに、寝ようとした子供さえもおり、実際一人は眠ってしまった。

ミシェルは、子供たちが何を考えているかを発見しようと試み、待つことを容易にする、あるいは難しくする条件について研究した。彼の娘たちもビング保育園に入園したので、同様に被験者となった。これは彼にとって最大の幸運だった。それは、実験後幾年も経ってから、娘たちから被験者だった他の子供たちの状況を聞くことができたからだ。「時折娘に尋ねた。スージーは元気かい？　または、ジョージは何してる？　私は娘の答えを記録し、実験結果と娘のコメントとの間に、驚くような相関関係があることを発見した」。マシュマロテストで忍耐強いと判断された子供は、学校でも優秀で、問題が少ないことが明らかだった。

そこでミシェルは、最初の実験から一三年後に子供たちを再度調べることを考えついた。その結果はセンセーションを巻き起こした。四歳から六歳の間に行ったマシュマロテストの結果は、一〇年後の子供の性格を想像以上の正確さで言い当てていた。ただ一つの計測値である子供が待っていた秒数から、後に子供が和やかで協力的か、イニシアティブを示すか、学校の成績はどうか、を読取ることができたのだ。さらに、子供がとうに成人していても、その自意識やストレス耐性に関する示唆がテスト結果から得られた。

心理学関係者以外にミシェルのマシュマロテストを認知させたのは、ダニエル・ゴールマンの一九九五年刊行のベストセラー『EQ――こころの知能指数』だった。ゴールマンは、短期的な誘惑を長期的な目標のために諦める能力を、生きるうえで最も重要なものの一つだと強調した。そしてミシェルはこう述べている。「この能力は価値に関して中立的で、マフィアのボスになるためにも、ガンジーになるためにも必要だ」。

驚いたことに、ミシェルの知見に内在する、当然と思えるような問題の研究が始められるまでに、ほぼ四〇年が経過した。それは、もし、このテストで成績のよい子供が、基本的にはうまく人生を乗り切ることができるなら、この能力を訓練することはできないのか？　そして、もしそれが可能なら、その方法はどのようなものなのだろうか？　そして、この訓練が本当に後の人生にポジティブに作用するのか？　欲求充足の先延ばしの能力は遺伝的かもしれないのだから。

この種の研究は現在進行中である。その結果は、教育に関する心理学の知見として最重要なものの一つとなるだろう。あなたが、マシュマロ三個とストップウォッチ一個を使って、あなたの子供の未来を予言する前に忠告を一つ。あなたの子供によい人生を保証する待ち時間を記した表はない。それは、実験方法と褒美の種類に依存する。さらに、これは単なる統計的な傾向として理解するべきもので、個々の事象に対してはあまり意味がない。

私にとっても、これはよい知らせだ。私の四歳になる子供はとまどうことなく小さい褒美に手を伸ばし、さらに、母親にさんざんねだって大きい褒美も手に入れるだろう。

1968年　黄色い角をもつヌー

動物学者ハンス・クルークは、ヌーの黄色い角に関する実験を特に説得力があるとは思わなかったので、公表することはなかった。それでも、数百万人が、実験から三〇年後にそれを知ったのは、米国のベストセラー作家マイケル・クライトンの貢献による。彼のＳＦスリラー『プレイ――獲物』で主人公たちが危険なナノマシンから逃れることができたのは、ひとえに一人がクルークの実験を思い出したからだ。

小説では主人公たちがナノマシンの攻撃から逃げようとする。彼のＳＦに登場する極微の機械は、空中で群れをつくり、生物が進化するように常に新しい狩りの戦略を修得していく。ナノマシンがグループに向かって来ると、登場人物五人は一種の小さな群れをつくり、一列に並んで全員が完全に同じ動作をした。

その五人のうちの一人がクルークの実験を思い出し、次のように話したのだった。三〇年前にクルークはセレンゲティでハイエナの研究をしており、その際、目印のためにヌーに色を塗ると、次の襲撃の際にそのヌーが確実に殺されることを発見した。逆に考えれば、同じ外見で同じ動作をすれば、狩人は獲物を特定するのが困難になるだろう。

実際ナノマシンはこの小さな群れに到達すると、誰を襲うべきかわからなくなる。しかし、一人がパニックを起こして逃げ出すと、殺されてしまう。話を面白くするためには、犠牲者も必要だったのだろう。

クルークには、クライトンが彼の実験を知った経緯は不明である。彼はこの実験をタンザニアにあるンゴロンゴロ保全地域で行った。別の研究者が彼に語ったところによると、個体認識用にヌーに印を付けたところ、ハイエナが好んでこのヌーを襲った。クルークはこの現象に興味を引かれた。一歳のヌー三二頭に麻酔をかけ、そのうち一六頭の黒い角を毒々しい黄色で塗った。そして一匹ずつ群れに帰した。麻酔をかけただけのヌーには、何ら問題がなかったが、黄色の角のヌーは群れの他のヌーから追い出され、翌日は孤立して過ごした。それ以上長くは追跡できなかった。それに、たとえ彼が、黄色の角のヌーが普通のヌーよりも、頻繁にハイエナに襲われることを観察できたとしても、それには二つの理由が考えられる。それは、黄色の角自体が原因か、または、黄色の角により孤立したことが原因かである。

小説の登場人物はクルークの実験に関して、どちらかといえば表面的なイメージしかもっていなかった。彼らが命の危機を脱したのは、実験の知識によるものではなく、単に著者が助けたかったからだろう。クライトンは、数百ページにも及ぶ長編小説の中盤で登場人物の半数をナノマシンの餌食にすることはできなかったのだ。

1970年 くすぐるⅡ——実験前に足を洗ってください

オックスフォード大学の物置の片隅に奇妙な装置が保管されていた。天板に切れ目の入った木箱で、その切れ目から編み棒の先が少し突き出している。木箱の前面のレバーでこの先端は前後に移動する。素人にはこの粗野な装置を「足くすぐり装置」だとは言い当てられないだろう。この装置は心理学者ローレンス・ヴァイスクランツが一九七〇年、彼の学生二名と共に制作したものだ。

ヴァイスクランツはくすぐるという現象を研究した最初の人物ではなかった。アリストテレスやフランシス・ベーコンやチャールズ・ダーウィンなどの偉大な思想家はすでにくすぐることを哲学していた。このとき何度も浮上した問題の一つは、人間が自分をくすぐってもくすぐったいと感じない理由だった。ダーウィンはこのように記している。子供が自分をくすぐっても、くすぐったいと感じない事実から、くすぐるときにどこに触れるか正確な箇所が事前にわかるとくすぐったく感じないことが推量される、と。ヴァイスクランツはこれが完全に正しいとは受取っていない。子供たちのほとんどは、いつ、どこをくすぐられることがわかっていても、くすぐったいと感じる。彼は二人の学生に研究実習のときにこの仮説を精査するよう指示した。

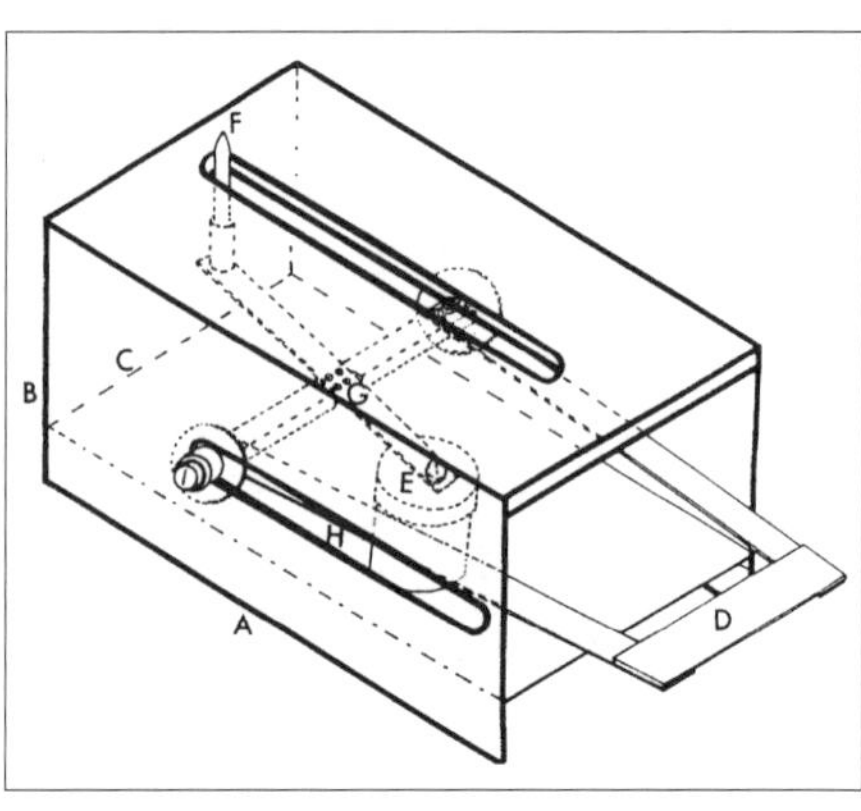

ローレンス・ヴァイスクランツの足くすぐり装置．被験者はこのボックスの上に足を置くと，プラスチックの針先Ｆが足裏に触れる．レバーＤを使ってプラスチックの先端を動かすとき，分銅Ｅが圧力を一定に保つ．

最初にわれわれは、社会的に不適切とされずにくすぐることのできる身体の部位を決めた、とヴァイスクランツは回顧する。ベストな候補は足の裏だった。さまざまな実験条件下で結果を比較できるようにするために、くすぐり刺激を標準化する必要がある。そのためにこの装置が開発された。先端一ミリメートルが常に一七グラムの圧力を足裏へかけるよう、この装置は制作された。くすぐり刺激をよび起こすために、プラスチック製の編み棒の先端を取付けたレバーを四秒間、幅一〇センチメートルで前後に移動させた。メトロノームでリズムをあらかじめ定めた。そして一秒ごとに前後の移動方向を変えた。

事前に足を洗い、実験に参加した学生三〇人は意見が一致していた。第三者がレバーを操作すると、くすぐったさは自分が操作したときよりもさらに強く感じられた。実験のバリエーションのなかで興味深かったのは、第三者がレバーを操作するが、被験者自身もレバーに手をかけて先端の動きを直接感じられる場合だ。

この場合、被験者が感じるくすぐったさは軽減されるが、レバーを自分で動かしたときよりは大きくなる。このことからヴァイスクランツは結論を出した。それはダーウィンの推測とは異なっていた。くすぐったさを完全に抑えるには、いつ、どこをくすぐられるという情報だけでは不十分だというものだ。くすぐるときに自分自身が指令を出していることが不可欠なのだ。

ヴァイスクランツの研究は『自分をくすぐることについての予備観察』という題名で信望のある専門誌『ネイチャー』に掲載され、多くの新聞で取上げられた。足くすぐり装置をステージで紹介したい、と言い出す英国のコメディアンまで現れた。ヴァイスクランツは断ったが。

「くすぐりロボット」と脳のスキャンを使ったその後の研究から、自分がくすぐったという情報を処理してくすぐったさを感じなくする脳の部位を特定した。しかし、もっと原則的な疑問、そもそもなぜ人間はくすぐったいと感じるのかという謎は、現在も解明されないままだ。何人かの研究者は、くすぐることは子供と親の間の結びつきを促すと推測している。また、くすぐることは、子供たちがじゃれあうときの手段で、くすぐることで深刻な状況を回避できると信じている学者もいる。くすぐることはパートナー探しの機能もある、とする意見さえある。

社会的な説明を疑う研究者もいる。米国の心理学者クリスティーン・R・ハリスは一九九九年、疑問を投げかけた。人間は一人のときもくすぐったいと感じるのか。彼女は「くすぐりロボット」を使って解明した（191ページ参照）。

1972年 早い者が勝つ

かつて、心理学の理論の多くは暗黙の仮定に基づいていた。それは人間は眼と耳を使って活動し、その行動は見聞きしたことに対するある程度理性的で理解可能な反応であるということだ。心理学者、エレン・ランガーが一九七〇年代初めにこの当然と思われる仮定を揺るがせた。そのために必要としたのは、コピー機一台と何も事情を知らない被験者数名のみだった。研究者は当時、人間の思考プロセスの解明に時間を費やしていた。それに対して私はまず初めに、そもそも人間は本質的に何かを考えているのか確認することにした、とランガーは回顧する。

人間は考えていない。このことをランガーは、ニューヨーク市立大学大学院センターのコピー機における鮮やかな実験で示すことができた。一九七二年のとある一週間、ランガーの実験助手は何回も、コピーをしようと原稿をコピー機にセットしていた人に話しかけた。「すみません、五枚なのですが、コピーをとらなければいけないので先にコピー機を使わせてもらえませんか」。話しかけた人の一人を除いて、一四人がこの実験助手にコピー機を先に使わせてくれた。アシスタントが理由を言わなかったときの反応はまったく異なっていたのだった。「すみません、五枚なのですが、先にコピー機を使わせてもらえませんか」。このときは一五人中九人だけが聞き入れてくれた。

この実験結果が特に驚くべきものとはすぐにはわからない。しかし、ランガーは即座にその特殊性に気付いた。実験助手を務めた学生は最初のケースでもまったく真実の理由を言っていなかった。「コピーをとらなければいけないので、先にコピー機を使わせてもらえませんか」。そう、何のためにコピーをとらなければならないのか？

ランガーはこのような見せかけの理由を「プラセボ情報」と名前を付けた。多くの場合、話しかけられた人がプラセボ情報を真実の説明として受入れたことを確認した。それは、ランガーの実験で、見せかけの理由は真実の理由と同じ効果があったことが示している。「急いでいるので、コピー機を先に使わせてもらえませんか？」この真実の理由を使ってランガーのアシスタントが一六人に話しかけると、同様にそのなかの一五人が譲ってくれたのだった。

ランガーは、われわれの日常行動の多くは自覚して決定した結果のように見えるが、実際には深く考えずにそこにあるシナリオに従って演じられると信じている。お願いごとをされる人は、何か理由を期待している。しかし、そのお願いごとが些細なことだと、理由の妥当性をあえて確かめようとしない。しかし、大きな犠牲を要求される場合は、事情は変わる。アシスタントが五枚ではなくて二〇枚コピーをしたいと望むと、話しかけられた人の脳にスイッチが入る。ここで話しかけられた人たちは口実に気付き、理由付けがまったくなかったときよりも願いごとを聞き入れる回数は増えなかった。急いでいる、という理由は、依然として作用した。

ランガーが想定した思慮のない行動の達人はおそらくスポーツ記者だ。「私の運転が速かったので、ゴールに先に着いたのだ」。とか「私たちが負けたのは、対戦相手のゴール数が私たちより多かったからだ」。などのコメントを、スポーツ記者は何十年も批判してこなかった。

1972年 地下鉄内の臆病者

もし、最も簡単な心理学の実験に対して賞が与えられるなら、スタンレー・ミルグラムのいわゆる地下鉄内研究は最有力候補の一つだろう。この実験は、誰でもいつでも自分でできる。満員の地下鉄で座っている任意の乗客の前に立ち、「失礼ですが、席を譲ってくれませんか?」という。それだけだ。

ミルグラムの授業を受けていた女子学生四名と男子学生六名は、一九七二年の数週間、まさにこのことをしたのだった。三〇年後に『ニューヨーク・タイムズ』がそのときのことを聞くと、当時の学生たちはそれをまだ鮮明に覚えていた。彼らの多くにとってはトラウマになるような経験だったのだ。「その場に居合わせなければ、それを本当に理解することはできない」と、ジャクリーン・ウィリアムズは語った。キャサリン・クローは「嘔吐するほど不安だった」と、当時の状況を話した。

ミルグラムがこの実験を思い付いたのは、義母との会話がきっかけだった。彼女は一度、どうして最近の若者はバスや地下鉄で白髪の老女に席を譲ろうとしないのか、と彼に尋ねたのだった。彼が、これまで席を譲ってくれるよう頼んだことがあったのかと問い返すと、まったく論外だとでも言いたそうに彼を見たのだった。地下鉄内では明らかに次の不文律が支配している。単純に他人の席を求めてはならない！

ミルグラムは大学のあるクラスで、この規則を破り、席を要求してみることを提案した。しかし、学生たちは拒否した。それでも何とか勇気を出して試みた一男子学生は、二〇回予定していたにもかかわらず、わずか一四回しか実行できなかった。ミルグラムはこの結果に大変興味を抱き、自分で試すことにした。しかし、目標とした客に近づくと、硬直してしまった。「言葉が喉に詰まり、発することができなかった」と、彼は後に『Psychology Today』のインタビューに答えている。そのとき、「自分はなんたる臆病者だ」と思った。

その後勇気を出して話しかけ、乗客が席を譲ると、驚くような感情が襲ってきた。「男性客から席を手に入れると、それを自身の行動で正当化しようとする強烈な衝動を覚えた。頭は膝の間に沈み、顔面が蒼白になるのがわかった。決して演技していたわけではない。ほとんど気を失いそうになっていたのだ」。

翌学期、彼は学生一〇人を送り出し、さまざまな変化をつけて試した。まず、最初の質問「失礼ですが、席を譲ってくれませんか？」に対しては、なんと三分の二の乗客が席を譲ったのだった。後に彼が書いているように、「常識的に考えて、このように単純な質問で席を獲得するなど不可能なはずなのに」である。それに対して「失礼ですが、席を譲ってくれませんか？　立っていると本を読みづらいのです」という質問に対しては、わずか三分の一強の乗客しか立ち上がらなかった。

最初の問いの場合には、話しかけられた乗客が非常に困惑して、断る理由を考えるよりは、単純に席を譲ることを選んだのだろう、とミルグラムは想像した。この考えを確かめるため、今度は学生に次のシナリオで演技させた。まず、学生二人が乗客全員に聞こえるように、誰かに席を譲ってくれるよう頼んでも、よいだろうか、と話す。その後に、二人のうちの一人が席を譲ってくれるよう頼んだ。声をかけられた乗客は、すでに何が起こるか知っていたわけで、このときはわずか三分の一が席を譲った。

最後にミルグラムは、依頼の内容とその方法を区別する実験を行った。学生は、今度は選んだ乗客に向かって「失礼ですが」と言い、メモを一枚渡す。メモには「失礼ですが、あなたの席を譲ってくださいませんか？　とても座りたいのです」と、書かれていた。ミルグラムは、今度は席を譲る乗客の数は減るだろう、と考えていた。それは、文書による依頼が、口頭の依頼よりは素っ気ない印象を与えるからだ。しかし彼は、この方法が乗客にとっていかに不可解であるかを過小評価していた。「失礼ですが」と、話しかけてきた人間は、明らかに口がきけるのだが、その人間がメモを使って席を譲ってほしいと頼んできたのだ。これは乗客の半数にとってあまりに奇抜だったのであろう、彼らは即座に立ち上がった。

もっとも、これらの結果よりもより驚くべきかつ有益なことがある。それは、赤の他人に向かって席を譲るよう頼むことに対して、学生たちが前述のような困難を抱えたことだ。ミルグラムにとって、これは、グループの秩序を保つために暗黙のルールがいかに大切かを示唆する、端的な例である。

1977年 アフリカ女性の完璧な足取り

一九七七年にノーマン・ヘグランドがアフリカへ向かった本来の理由は、アフリカ女性の歩き方を研究するためではなかった。当時ハーバード大学で生物学を学んでいた彼の目的は、大型動物が運動する際のエネルギー消費についての研究だった。その最も簡単な方法は、マスクを使い動物の酸素吸引量を測定することである。酸素吸引量はエネルギー消費量に比例するからだ。

ヘグランドはケニアの首都ナイロビ近郊にあるマウーガに六カ月滞在。同僚と共にバラックにルームウォーカーと酸素測定装置を設置し、水牛、レイヨーおよびガゼルを使ってテストを繰返した。その際、村のルオ族やキクユ族の女性が重い荷物を軽々と頭に載せて運んでいることに興味を引かれた。彼女たちにとって荷物の運搬は、本当に他の人間より簡単なのだろうか？　そこで彼は、現地人の助手に彼らの妻が実験に協力してもらえるかを尋ねた。女性たちは当初は戸惑っていたが、窓を新聞紙で覆うと、実験に承諾した。

女性五人が実験室を訪れ、ヘグランドに協力した。女性たちはマスクをし、頭に数種類の荷重を載せてルームウォーカー上を数分歩いた。その際、ルームウォーカーの速度を調節して五段階の異なった速度で実験した。

ヘグランドがこの実験の驚くべき結果に気付くまで、丸八年かかった。女性の酸素消費量は測定結果から簡単な計算で求めることができる。しかし、彼にはその時間がなかった。博士論文を仕上げねばならなかったし、その後はミラノに引っ越し、ミラノの大学で、有名な歩行研究者ジョヴァンニ・カヴァーニャのもとで働いた。

一九八五年ハーバードに戻り、やっとこの測定結果に向き合うと、その驚くべき内容に気付いた。頭に載せた荷重が体重の五分の一以下の場合、荷重なしの場合と比較して酸素消費量が増えていなかった。体重七〇キログラムの女性が、エネルギーを余分に消費することなく、一四キログラムの荷重を運んだのだ。これはヘグランドがそれまでもっていた動物のエネルギー消費に関する知識と完全に矛盾した。走るヒト、ウマ、イヌおよびネズミによる実験によれば、体重の二〇パーセントの荷重は、エネルギー消費量を二〇パーセント増加させる。米国の新兵を使った歩行実験でも同じ結果が得られた。アフリカの女性は訓練された兵士よりも格段に優秀だといえる。

この結果が荷物を持つ位置の相違、つまりアフリカの女性は頭に載せ、米国の新兵は背中に背負ったことが原因ではないことを確かめるため、鉛の荷重を装着した自転車用ヘルメットをかぶったヨーロッパ人で実験を行った。結果は首の凝りと、頭に載せても背中に背負っても違いはないという認識であった。ヘグランドは途方に暮れた。

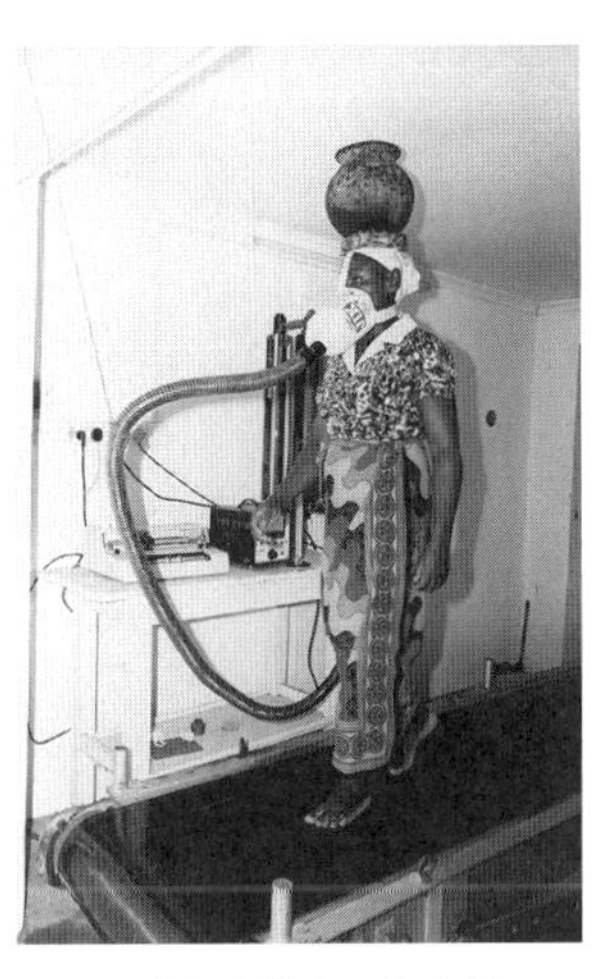

アフリカ女性のエネルギー消費量の測定結果はノーマン・ヘルグランドにとって謎だった．自身の体重の20%までの荷重を運ぶ場合，ルオ族の女性のエネルギー消費量は増加しない．

当時ヘグランドはほかにもいくつかの仮説を立てたが、それらはすべて間違っていたことがわかった。その仮説とは、たとえばマイケル・ジャクソンの「ムーンウォーク」のように、アフリカ女性は身体の重心をいつも同一の高さに保つ。あるいは、子供の頃から重い荷物を運んでいたことにより、解剖学的変化が起こりエネルギー消費を節約することができる、などである。

ヘグランドには自らの発見の理由はわからなかったが、その解明方法は知っていた。それは、いわゆるフォースプレートを使うことである。それは言ってみれば一種の複雑な体重計で、板に加わる力の時間変化を記録する。一九八九年、彼はこの種の機器と共に再びケニアへ向かった。

アフリカ人女性にフォースプレート上を歩かせ、足がプレートに触れる瞬間から再び離れる瞬間までの正確な動きを計測した。この動きをヨーロッパ人の動きと比較する。謎の答えは、その差違にあるはずである。

ヘグランドはカヴァーニャのもとで働いていた経験から、歩行が一種の振り子の反復運動として理解できることを知っていた。通常の振り子の場合は固定された支点が上方に位置しているが、歩行の場合は下方にある。一方の足先が地面につくと、足は上半身と共にこの接地点の後方から前方へ向かって動く。この動きは別の足先が再び地面につくまで続き、そこから再度同じ動きが始まる。棒を使って小川を跳び越えるときと同様、速度は足、あるいは棒が地面についたときに最大である。その後速度は遅くなり、身体の重心は高くなる。つまり、速度(運動エネルギー)が高さ(位置エネルギー)に変化したのだ。身体の重心は足または棒の真上にきたとき最高点に達し、その後は蓄えた位置エネルギーを使用することができる。つまり、位置が低くなり同時に速度が増加する。

もし運動エネルギーから位置エネルギーへの変換と、その逆方向への変換の繰返しが完璧に機能するなら、歩行には何ら労力が不要となる。しかし、人の歩行は完全な振り子とは違う。回収できるエネルギーは、投入したエネルギーの約六五%でしかない。

　フォースプレートを使用して測定した力の動きを解析すると、これはルオ族とキクユ族の女性たちにも当てはまった。少なくとも荷物を持っていないときには。ヨーロッパ人と同様、彼女たちも歩行の最初と最後、つまり両足が地面についているときに、エネルギーを失った。これは避けようのないことである。振り子運動を継続するためには、振り子時計の場合と同様、人間も歩行の際に常に若干の力を加える必要がある。

　もっとも、エネルギーが失われる別のポイントがある。それは運動の折返し点である。身体の重心が最高位置にあると、位置エネルギーは五ミリ秒間完全には運動エネルギーに変換されない。重心は下がるが、速度はそれに対応しては増加しない。それは、棒を使って小川を跳び越える際に、最高点で棒に沿って少し滑り落ちるようなものだ。位置は下がるが速度は増えない。

　ヘグランドが力の動きを解析した結果、アフリカ人女性はこのエネルギーロスを減らしていることがわかった。優秀な振り子であり、蓄えた位置エネルギーをほぼ完全に運動エネルギーに変換することができる。こうして体重の二〇%までの荷重を補塡することができたのだ。

　米国の新兵や週末の買い物を抱えた主婦もこの動きを修得することができるだろうか？この点について、ヘグランドは懐疑的である。確かにこの能力は生まれつきのものでは

ネパールのシェルパは自身の体重の２倍までの重量の荷物を運ぶが，その際のエネルギー消費量はヨーロッパ人の半分である．

ないだろう。しかし、この能力を身につけるには小さいときから荷物を運んでいる必要があるに違いない。両者の歩行の差違は肉眼では認識できないほど小さいのだ。

一九九〇年代にヘグランドはネパールに移った。そこでは、シェルパが自身の体重の二倍までの荷物を背負って山を登っている。彼はシェルパのエネルギー消費量も予想より少ないことを発見した。アフリカ女性の場合とは異なり、シェルパは体重の二〇%までの荷重については、私たち同様、その荷重に応じてエネルギー消費量が増える。特殊な振り子運動は平地でのみ成立する。しかし、より大きな荷重に対しては効率的である。シェルパが自身の体重と同じ重さの荷物を運ぶ場合のエネルギー消費量は、ヨーロッパ人がその半分の重さの荷物を運ぶ場合と同じである。その理由はヘグランドにはわからない。いや、まだわからない。

1979年 飲み屋の人形

一九七九年夏、ヘンリー・L・ベネットは激しい議論に巻き込まれた。心理学では長らく確立された事実を信じなかったからだ。当時ベネットはカリフォルニア大学デービス校の医学生で、記憶に関するゼミをとっていた。ゼミでは短期記憶の容量は七プラスマイナス二であると説明された。これは実験室での無数の実験により得られた結論であると。

「ウェイトレスは誰だって七つ以上のことを記憶できる」と、ベネットは主張。

「それは無理だ」と、学生仲間の一人が応じる。

「いやできる」

「できない」

「じゃあ、僕が証明してみせる」

この大層な宣言により、彼はその後数年間をウェイトレスの驚くべき記憶能力の証明に費やすことになった。

彼は、当初の調査により、大学近くの飲食店で史上最も嫌われる客となったに違いない。友人八名と共に一つのテーブルに着き、グループの各人がそれぞれ異なる料理と飲料を注文した。ウェイトレスが調理場に引っ込むと、学生は席を変えた。ベネットの目的は、ウェイトレスが記憶できる注文の数だけでなく、料理と飲料をどのように記憶するかを調査することにあった。彼女は客の席を憶えているのか、あるいは、顔を覚えているのか？

幾度かこの調査をした結果、この方法の不備が明らかになった。個々の飲食店の状況は大きく異なっており、有効な結論を引き出すことは難しい。さらに、ウェイトレスの一部は注文をメモしたのだった。

「それで私はバーに行くことにした」と、今はニューヨークのセイント・ルークス病院で麻酔科専門医として働くベネットは当時を思い返す。通常、バーで注文をメモすることはないからだ。

ウェイトレス一人一人にまったく同一の課題を課すため、彼は非常に奇抜なアイディアを思い付いた。それにより彼の実験は伝説となった。おもちゃ屋で指ほどの大きさのプラスチック人形を三三体購入。家で幾晩も夜なべして一体一体に洋服を着せて、髪に異なった色を塗った。さらに丸テーブル二個といすのミニチュアを作成し、トレー大の木板に固定した。彼はまだ客の少ない午後四時半にこの仕掛けを持って規則的にバーを訪れ、ウェイトレスに実験に協力してもらえるかを尋ねた。ベネットは研究者ではなく町の人形愛好家グループの一人と間違えられる可能性もあったが、四一人中四〇人のウェイトレスがこの奇妙な実験に同意した。

ベネットは、学生仲間の協力を得て、あらかじめカセットテープに七、一一、および、一五の注文を録音しておいた。ウェイトレスの準備が整うと、テープを再生する。

「私にはマルガリータを一つ」、二秒間休み、「私はバドワイザー」……。という具合である。ベネットは注文の度にプラスチック人形を揺り動かす。その人形が注文の声の主だ。女性助手一人がカウンターの後ろでドリンクを準備する。もっとも、実際にはドリンクの名前が書かれた小旗のついたゴム栓だが。その間ベネットは、ウェイトレスに簡単なインタビューをした。ウェイトレスが記憶に専念することを邪魔するためだ。その後ウェイトレスがテーブル上の人形にミニドリンクを提供する。同様のテストに参加した学生に比べて、ウェイトレスの成績は優秀であった。四〇人のうち六人は三三の注文の一つも間違えることなく、九人は一つ間違えただけであった。

七プラスマイナス二という短期記憶の容量は人為的な理論構成で、日常生活上はほとんど意味をもたない、というベネットの予想は立証されたようにみえる。ウェイトレスたちの話では五〇の注文を記憶したこともあるそうだ。一度はなんと一五〇もの注文を記憶できたそうである。しかし、どのように記憶したかを確かめるのは困難だった。多くの場合「どうやってドリンクを記憶するのか自分でもわからない」と、言っていた。質問を重ねた結果、テーブルでの客の位置は重要でないことがわかった。多くの場合客の顔や外見が重要であった。

幾人かは、ドリンクに合う客の特徴を探すと答えた。たとえば、ストロベリーダイキリにほほ紅。もっとも、彼女たちの卓越した記憶力の説明として最も驚くべきものは、三人のウェイトレスの言葉であった。それは、「しばらくすると客は注文したドリンクに見えてくるのよ」というものである。これはウェイトレスがもつ高次元意識の現れかもしれない。

1980年 待ち行列の割込み方

行列をつくって待つこと。その際の足の痛みと退屈さの組合わせは、大多数の人にとって現代文明で最悪のものであろう。しかし、待ち行列研究者にとって、それは一つの「社会的システム」であり、その「維持は…（中略）…この状況に適応した行動規範に関する共通認識」に依存する。焼きソーセージの屋台の前で行列に加わる者は、固有の規則をもった小さな社会に参加することになる。それを好むと好まざるとに関わらず。一九八〇年代初頭スタンレー・ミルグラムはこの規則の解明に取組んだ。

規則の最も簡単な調査方法は、その規則を破ったときの反応を観察することである。ミルグラムは自らの学生に、ニューヨークで手当たり次第待ち行列に割込むよう指示した。当時心理学の学生だったジョイス・ワッケンハットはこの実験のことをいまだに鮮明に憶えている。割込み調査は理論的には簡単に思える。割込み役を引受けたワッケンハットのすることは、待ち行列の三人目と四人目の間に向かって進み、「失礼、ここに入らせてください」といって、行列の四人目として割込むだけである。しかし、実践はまったく違った。「それを実行するにはとてつもなく固い決心が必要だった」と、ワッケンハットは当時を思い起こす。別の学生たちもずいぶん苦労していた。決心を固めて割込むまで、緊張して三〇分もうろうろしていた学生もいたし、めまいがしたり気分が悪くなった者もいた。

行列をつくって待っていた人の反応は、黙認から激しい非難の長広舌までさまざまであった。「港湾当局の待ち行列に割込んだときには、一人がピストルを抜いた。私たちは全速力で走って逃げた」と、ワッケンハット。学生たちは合計一二九の待ち行列に侵入し、十分なデータを収集した。

待ち行列のすべてが同じ反応を示したわけではない。「グランド・セントラル駅の案内窓口前の行列は、早く進んでいて」と、ワッケンハットが思い出す、「チケットマスターの窓口で短い昼休みを利用して劇場のチケットを購入する人の行列に比べれば、割込んでもさほど文句は言われなかった」。

侵入者に抗議した人の四分の三は侵入者の後に並んでいた人であった。これは驚くほどの結果ではない、行列の後の人は直接被害を受けるのだから。もっとも、四分の一は前に並んでいた。これは、待ち行列では自らが先に進むことだけが重要ではないことを示している。「順番を抜かされ時間を失うことだけではなく、侵入者が規則を破ることそれ自体に人は怒りを覚える」と、ミルグラムは書いている。

割込んだ人より後に並んでいた人も、各自が自身の費用対効果の計算をしていたわけではない。後ろに並んでいた人は全員この規則違反により被害を受けるのだから、抗議することに対して全員が共通の関心をもつはずである。しかし、侵入者をたしなめる役割は、おもに侵入者の直後の人が負っていた。彼らが対応した割合は六〇%であった。直後の人が何もしない場合には二番目の人が相手をしたが、その割合は約二〇%でしかなかった。他の位置にいた人はほとんど反応しなかった。この結果、侵入者の直後の人にはかなりの責任があるといえる。「私たちに対してではなく、この直後の人が相手をしなかったことに対して腹を立てる人もいた」と、ワッケンハットは思い出す。

もし割込むことがあったら、科学はあなたにこう助言する。行列の中で最もおとなしそうな人物を探し、その人の前に並ぶといい。逆に、もし誰かが自分のすぐ前に割り込んできたなら、思い出そう。待ち行列の不文律によれば、相手をするのはあなたの義務である。

1986年 シンクロする生理

ジュヌビエーブ・M・スウィッツが大学で勉強しているとき、彼女には特別な才能があることに気付いた。ルームシェアしていた女性たちは数カ月一緒に生活すると、彼女と同じタイミングで生理が来ていた。これではサーカスに出演することはできない。けれど、科学者が関心を示すことは間違いない。

非常に親しい関係にある女性が同じタイミングで生理になることは、一九六〇年代終わりにマサチューセッツのウェルズリー大学の女子学生が証明した。研究者がディスカッションでフェロモンがマウスの排卵をコントロールするので、卵子はすべて同時に成熟する、と話しているのを聞いたのは、マルタ・マクリントックがちょうど二〇歳のときだった。

同じことはマウスだけでなくヒトの女性でも起こる、とマクリントックは口を挟んだ。しかし、男性の研究者全員、それを信じようとしなかった。「私には、彼らが私の発言を馬鹿にしたように思えた」。証拠はあるのか、と聞いてきたのだ。

証明したいとマクリントックは思った。彼女は大学在学中の一年間、一三五名の学生寮の女子学生にいつ生理があったか尋ねた。それを解析した結果、親しい友達同士の生理の時期は、夏休み直後は、平均して六日間半ずれていた。しかし、その七カ月後には、生理の始まりは四日間半の差になっていた。

二日間、間隔が縮まったことは、専門家の評価の高い科学専門誌『ネイチャー』にとって、証明として十分だった。一九七一年、研究論文が掲載された。フェロモンはヒトでも重要なことを初めて示唆した。リーダーとして活躍するような逞しい女性はこうして月経周期を決めるのか？

スウィッツは一九七七年、サンフランシスコ州立大学で有機化学を学び、ここでマイケル・J・ラッセルと出会った。ラッセルはヒトの嗅覚による伝達に関心を寄せていた。彼女は他の女性の月経周期に影響を与えていたので、ラッセルの実験に適していた。正確にいうと、彼女の汗が実験に適していたのだ。フェロモンが実際に生理の同調の原因ならば、スウィッツの汗の臭いを定期的に嗅がせると、他の女性の生理のタイミングに影響を与えるはずだ。

スウィッツは腋にコットンを挟んで彼女の汗をしみ込ませるように指示された。一日一回、コットンを交換し、アルコールを四滴たらし、四切にカットして、冷凍した。スウィッツが使用を許されたのは無香料の石けんで、腋毛を剃ったり、腋を洗うことも許されなかった。

研究論文から、女性被験者がコットンを使ったこの実験が何のためなのかわかっていたか、明らかではない。わかっていることは、彼女たちの上唇の上に臭いの付いたコットンをこすりつけてもいいか、願い出たことだけだ。四カ月に渡り、スウィッツの汗の臭いは被験者の半数の鼻に届き、残りの被験者、対照群にはアルコールのみのコットンが塗られた。

結果は次の通りだ。スウィッツの臭いが与えられた五人の女性の生理は、四カ月後、三・四日の差があり、研究開始時より六日間、差が縮まった。対照群の女性六人では、月経周期が接近することはなかった。

外見上は明白な結果が出たが、現在、多くの専門家は、そもそも月経の同調というものがあるのか、疑念をもっている。後にベドゥイン人やバスケットボールプレーヤーからレズビアンのカップルまで、考えうるあらゆる女性グループで実験を行ったが、はっきりした結果が得られなかったためだ。マクリントック効果が見られた女性被験者もいたが見られない女性もいた。生理時期の同調に懐疑的な研究者は、その存在を示す実験結果が実験方法の不備によるものだとし、多くの女性がそれでもその存在を信じているのは、生理が偶然一致することが多くあるからだ、と考えている。

マクリントックは依然としてフェロモンの存在と効果を信じている。「しかし、事情は想定よりも複雑だ。芳香物質には同期の効果が常にあるわけではない。そして月経周期のペースをつくる女性はおそらくいないと思われる」。この現象の機能についても、研究者は暗中模索中だ。

二つの異なる意見が合意を見いだすことはないだろう。自然科学の議論はフェミニズムによる影響を受けているからだ。女性が同じタイミングで生理になることは、女性の連帯を生物学的に表現している、と考える人たちもいる。

1986年 鳥肌の立つ音

八〇年代半ば、リン・ハルパーン、ランドルフ・ブレイク、そしてジェームズ・ヒレンブランドは黒板を指の爪を立てて引っかくと起こる現象について知りたいと思っていた。なぜ、多くの人が、指の爪を立てて黒板を引っかくと身震いするのか。これまでこのテーマを扱った唯一の研究の収穫はわずかなものだった。そこで三人の科学者たちは現象を根本的に扱った。

最初に彼らは音を好み別に分類した。彼らは二四名の被験者に一六種類の音を聴かせて評価させた。鐘の音、流水の音、鉛筆削り、料理用ミキサー、発泡スチロールのブロック二個を合わせて擦った音などだ。歯が三本ついた園芸用のくわで石板をゆっくりと引っかく音が最悪と評価された。この評価はあまり驚くことではなかった。実験参加者は全員、話を聴いただけでも身震いをした、と論文に記載されている。〇（心地よい）から一五（不快）までの一六段階評価で、この音の評価は一三・七四だった。

三人の学者はこの音を選び出した。実際に爪を立てて黒板を引っかくときの音とほぼ同じで、さらにこの音をつくることは簡単だったからだ。

引続き三人の科学者たちはくわを使って引っかく音をデジタル技術を使って人工的につくった。実験で使った実際の音よりも加工しやすかったのだ。ためらっているボランティア被験者の何人かは人工的な音を同じように不快だ、と評価した。次はこの音が耐えられない理由の解明だ。

周波数が高いことがその原因だと想定して、三人は音響フィルターを使って高音を軽減した。しかし、一二名の被験者にはこれで音が改善したとはまったく感じられなかった。驚いたことに、逆の措置は引っかくことの恐怖を和らげた。つまり、歯が三本の園芸用のくわで石板をゆっくりと引っかいた音から低音を取除くと、被験者は明らかに音に耐えられるようになった。

この結果に若干困惑した三人は、論文の最後で園芸用のくわの音が強い反応を呼び起こす理由を考えた。彼らのアイディアは見方によっては天才的でもあるし馬鹿げたことでもある。それは、その音はマカクザルの警告の叫び声に似ており、冷や汗や鳥肌はかつての逃亡反応の名残で、進化した現在は意味のないものである、というものだ。

黒板に爪を立てて引っかいた音が動物界の警告の叫び声のように聞こえるという命題は、今日までこの奇異な現象に対する説明として亡霊のように残っている。三人の一人、ブレイクは証明されていなくても、現在でもこれをもっともだと思っている。しかし、ヒレンブラントはもうこの説に確信をもっていない。二〇〇六年に研究がイグノーベル賞を受賞した後、ヒレンブラントは記者にこのように語った。このアイディアは彼にとって意味をなしたことは一回もなかった。黒板を指の爪で引っかく音に対する人間の反応は、突出したもので、危険な動物と遭遇したときに期待されている反応と比較できない、と。ヒレンブランドは、この音自体が原因ではないと信じている。むしろ、黒板に爪を立てて引っかいたときの反応は、触感の不快なイメージと関係があると推測している。デイヴィッド・イーリイはすでに一一年前に同じようなアイディアをもち、黒板を爪で引っかく音の実験を行っていた。

音と触感はしばしば一緒に発生するので、われわれの脳はおそらく音と触感の間のつながりをつくり、音だけでも鳥肌を立たせる。まさにパブロフのイヌが鐘の音を聴くと食事と関係なくても唾液を分泌させたように（『狂気の科学』、52ページ参照）。すると、「歯が三本ついた園芸用のくわで石板をゆっくりと引っかく音」に対するわれわれの強い反応は、古典的な条件反応の一つなのかもしれない。

1987年 シロクマのことは考えないで

「ここで課題です。今はシロクマのことは考えないでください。できないですって?」。これがまさに『思考抑圧時の逆説的効果』（*Journal of Personality and Social Psychology*、一九八七年）なのだ。この実験で三四名の学生が五分間、シロクマのことを考えないよう要求された。実験に参加した学生たちは平均六・七八回、シロクマのことを考えたという結果が出た。

なんの不思議もない。思考の意識的な抑制には、未知の方法で頭脳をクルクルとアクロバットのように働かせる必要があるのだ。シロクマのことを考えないと決めたとたんに、シロクマを頭から取除かなくてはならないのだ。さもないと、シロクマのことを考えてしまうからだ。

ある種の思考（たとえば別れた恋人や次のタバコのこと）を脳から払拭させたいという望みは多くの人が広くもっている。しかし、忘れようとする努力は無益なのだ。思考を完全に制御することはほとんど不可能なだけではなく、忘れようとすればするほど強くそのことに思いを巡らせてしまうのだ。学生の一部は「シロクマ思考禁止」の後に、意図的にシロクマを考えるように要請された。すると白いクマが頭に浮かび、この思いは事前に思考禁止実験に参加しなかったグループよりも強くなった。

シロクマ以外のことを考えることも役に立たなかった。白いクマではなく赤いフォルクスワーゲン・ビートルのことを考えるように指示されると、クマがつねに目の前に現れ、さらにフォルクスワーゲンも一緒に現れた。もっともそのクマが運転席か、または助手席に座っていたかは、この研究からは明らかになっていないが。

1987年 やせるのに適した男性

やせたい女性は次のような男性と付き合うとよい。それは、旅行が好きで、写真に興味があり、スポーツをし、本を多く読み、法律を学ぶ意志があり、そして、独身。逆に、次のような男性は避けた方がよい。それは、テレビとパーティー以外の趣味がなく、お金のためにだけ働き、そして、すでに決まった相手がいる。

テネシー州ナッシュビル市のヴァンダービルト大学の女子学生二四人は、出会いに関する調査の名目で、このような二タイプの男性に引合わされた。女子学生は男性と会う前に、自身の興味、趣味、そして、職業上の目標についてのアンケートに回答し、相手の男性が記入したアンケート用紙と交換した。もっとも、実はこの男性は実験の共犯者であった。彼の記入済アンケート用紙は二種類あり、それぞれ面白くてまだ手に入るタイプの男性と、つまらなくてすでに誰かの者であるタイプのものである。

二人で話をさせるために部屋に入れたあと、さりげなくM&Mチョコレートとピーナッツの入った菓子入れを二人に一つずつ手渡す。その際、これは「実験室でのパーティの残り物」で、好きなだけ食べてくださいと言い添えた。

しかし、女性たちに秘密にされていたことがある。それは、この菓子入れにはぴったり二五〇グラムのお菓子が入っており、対面の後に再度計測されることだ。面白い男のふりをした男性と会った女性では、お菓子は六・三七グラム減っていた。一方、退屈な男性をあてがわれた女性のお菓子の消費量は二五・二四グラムで、四倍も多かった。

論文の著者はこの現象を以下のように説明している。「あまり食べないこと」は典型的な女性の特徴とみなされている。望ましい相手の前では、女性はできる限り女性らしく振る舞おうとする。

しかし、パートナー候補は肉と血をもった実物として登場する必要がある。ヒュー・グラントのビデオを見ても同じ効果がないことは、多くの女性が経験していることだろう。

1988年 アスリートが黒い色を見ると

マーク・フランクは、黒い色には人間に対して特別な効果がある、と長い間考えていた。彼は大のスポーツファンで、フットボールやアイスホッケーをよく観戦したが、黒のユニフォームのチームは他の色のチームより好戦的でかつ反則が多いという印象をぬぐいきれなかった。また、彼はシェパードとハスキーの黒いミックス犬を飼っていたが、そのイヌとの散歩でも同じ印象を受けた。「私のイヌはおとなしいのに、通行人はイヌを避けようとした。反対に、ある友人の白とグレーのイヌは、私のイヌより格段に攻撃的であったにもかかわらず、怖がる人はいなかった」と、心理学者のフランクは思い返す。

彼は、このような通行人の反応には黒い色が関係していると確信していた。同時に彼の観察が正しければ、おとなしいはずの彼のイヌは、ヒトがイヌを避けるとよけいに大胆になるようだ。黒い色はヒトに不安を与えるだけではなく、イヌを攻撃的にするのだろうか？

フランクはこの問題について、ニューヨーク市にあるコーネル大学の指導教授トーマス・ギロビッチと相談した。その結果、二人はこの問題の解明に取組むことにした。もっとも、まず第一に、フランクの観察結果が本当に正しいかを確認する必要がある。

ある当初の実験で、フランクは被験者二五人に対してアイスホッケーとフットボールチームのユニフォームを示した。すると彼らはロサンゼルス・レイダーズ、ピッツバーグ・スティーラーズ、バンクーバー・カナックス、フィラデルフィア・フライヤーズのユニフォームが最も好戦的だと答えた。すべて黒である。

次にチームのペナルティの統計を調べたところ、同様に黒の効果がみられた。ロサンゼルス・レイダーズとフィラデルフィア・フライヤーズは全チーム中ペナルティが最も多かった。黒のユニフォームを着用した他のチームのペナルティも飛び抜けて多かった。

特に重要だったのは次の事象である。アメリカンフットボールチームのピッツバーグ・スティーラーズとアイスホッケーチームのバンクーバー・カナックスは調査対象期間中にユニフォームの色を黒に変更して戦ったのだった。するとどうだ。すぐに、より長い退場時間を命じられるようになった。ただ問題はその理由である。選手は黒のユニフォームを着用すると本当により好戦的になるのか？　あるいは、審判がフランクのイヌを初めて見た人と同様の錯覚におちいり、ただ単に選手を好戦的だとみなすのか？

この問題の解決は難しいことがわかった。そのためには、試合中の同一の状況を記録した二つの映像で、それぞれ各チームが交代で黒のユニフォームを着用しているものが必要だ。もし、その二つの映像で好戦性の判断が異なるなら、それは黒が生んだ錯覚といえるだろう。

フランクは試合中の激しくぶつかり合う一場面の写真を用意し、それを加工して二つの異なった画像をつくった。オーバーヘッドプロジェクターを利用して選手の輪郭を写し出し、それをコピーして攻撃側のユニフォームを一つは黒に、もう一つは赤に塗った。当時はまだパワーポイントやフォトショップが登場する前の時代だった、と彼は振返る。しかし、被験者はこの画像を見ても何ら反応しなかった。それでフランクは理解した。好戦性の判断には動画が必要だ。しかし、同一の場面の異なった動画はオーバーヘッドプロジェクターとフェルトペンではつくれない。さらに、実際の試合のビデオ映像を加工することは、当時は非常に困難だった。それで友人に助けを求めるしかなかった。

彼はもう長い間、年に一度、男友達と一緒にニューヨーク市近くのインターラーケン村の別荘で過ごしていた。「私は彼らにビール二箱を約束して、フットボールのユニフォームを着て激しいぶつかり合いの演技をするよう頼んだのだった」と後に思い起こす。フランクは複数のカメラを設置し、フィールドにいくつかの印を付ける。その後、

黒のユニフォームを着用した選手は好戦的な印象を与える，同時に選手自身も好戦的にプレイする．

同一のシーンをユニフォームの色を変えて幾度も幾度も繰返した。最後に、最もよく似た動画を選び出し、フットボールのファンと審判に見せた。すると、審判は黒のユニフォームのチームにより重いペナルティーを課し、ファンは黒のチームがより好戦的にプレイしていると判断したのだった。

では、彼のイヌは通行人が怖がるとよけいに大胆になった、という彼の観察結果についてはどうであろう？ 二つの効果は同時に起こっているのだろうか。つまり、黒を着用する者が好戦的だと認識されるだけではなく、自身も黒を着用することにより好戦的になるのだろうか？

フランクは、被験者七二人に真の理由を告げることなく、白または黒のTシャツを着て、一六の試合のリストから参加したいと思う五の試合を選択するよう頼んだ。すると、黒を着用した者は、より好戦的な試合を選んだ。この結果は、人間とは結局のところ安定した人格をもち、色などの重要とも思えない外見上の形式にはとらわれない、という固い信念を揺るがすものだ。われわれはこれを受け入れたくはないが、実際にはその信念は正しくないのだ。

この研究を一九八八年に発表すると、フランクたちは急いでマスコミに説明しなければならなかった。この結果はチームの勝つ可能性については何も言及していないと。そうしなければ、次のシーズンにはすべてのチームが黒のユニフォームを着用しただろう。

もし、ユニフォームの色を科学的見地から選択するのなら、黒ではなく赤を試してみるべきだろう。二〇〇四年のオリンピックで対戦者が青と赤のウェアを割当てられた四種目の格闘技を分析した結果、赤の選手が勝つことが多かった。

サッカーの専門家にとって、格闘技に対して有効なことがサッカーでもまったくの間違いではないことは、驚くほどのことではない。二〇〇四年のＵＥＦＡ欧州選手権では赤のチームが勝つことが多かった。英国ダラム大学の進化人類学者ラッセル・ヒルとロバート・バートンは各チームの実力を考慮して分析した。その結果、クロアチア、チェコ共和国、イングランド、ラトビア、および、スペインの各チームは、赤のユニフォームを着用した場合、他の色のユニフォーム（各チームのユニフォームは二色あり、相手チームの色に応じて選択される）を着用した場合に比べて、平均して〇・九七ゴール多かった。

なぜ赤にこのような効果があるかは不明である。二人の研究者は進化の過程で生まれたものだと考えている。多くの動物において赤は優勢の印だ。サッカーでは会場のサポーターを一二番目の男とよぶが（サッカーに関する別の実験については210ページを参照）、それに続く一三番目の男は進化論の提唱者ダーウィンなのだろう。

1989年 ラスプーチンの好感度を上げる方法

グリゴリー・ラスプーチンの長所を探すのは難しい。後に心霊治療師で巡礼説教師となった彼は、すでに一七歳のときにアル中、少女強姦および盗みで告発されていた。その後ロシア皇帝の宮中に出入りしていた頃は、ひどく自堕落な生活を送っていた。しばしばペテン師とみなされ、多くの欠点を上手く隠し、ロシア貴族の寵愛を受けた宗教家としての地位を最大限かつ何ら躊躇（ちゅうちょ）するこ

ラスプーチンはひどい奴だった．しかし，わずかな心理学的細工により，そのような人間でもイメージアップが可能である．

となく利用した、といわれている。

心理学者のジョン・F・フィンチとロバート・B・チャルディーニは、そんなラスプーチンでさえも少しは感じよく見せる簡単な方法を発見した。ラスプーチンの履歴書を学生に配り、彼の四つの性格について判断するよう指示した。結果はもちろん悪かったが、最初のページに記された彼の誕生日に細工した場合だけは違っていた。彼の誕生日を学生の誕生日と同じ日に書き換えると、好感度が約二五%上昇したのだった。

類似点が好感度アップにつながることは、メールを使った実験でも証明されている（212ページ参照）。レストランの接客係はこの方法でお金を稼ぐことさえできる（225ページ参照）。

1991年 オクトーバーフェストでの科学

ハイコ・ヘヒトは、九月末のミュンヘン市テレージエンヴィーゼほど彼の実験に適した場所は世界中どこにもない、と知っていた。被験者はグラスに入った液体を熟知している必要がある。そのような人間はここで行われるオクトーバーフェストの会場にいなければ、どこにもいないだろう。また、客よりもテントのウェイトレスの方がこの条件を満たしている。それで彼は一九九一年のオクトーバーフェストを訪ね、午後になると傾けた空のグラスが描かれた質問用紙を持ってテントを回った。そして、ウェイトレスに、質問用紙のグラスに水面を書き入れるよう頼んだ。この実験が専門家たちに大きな衝撃を与えることを、このときまだ彼は知らなかった。

ヘヒトがウェイトレスに課した課題は、スイスの発達心理学者のジャン・ピアジェが一九三〇年代につくった有名な水面タスク（70ページ参照）である。ピアジェは、このテストを使って子供の空間概念の発達過程を示した。傾いたグラス内の水面を描くという課題に対して、五歳児は常にグラス側面に垂直になるように水面を描いた。六歳児または七歳児ではそれが正しくはないとわかるものの、それでも水面を斜めに描いた。約九歳になって始めて、ピアジェが設定した最終段階に達し、正しい答えに行き着く。つまり、水面を水平面として、テーブルと平行に描く。

それから三〇年後、女性心理学者のフリーダ・ルベルスキーが心理学の学生に対してこの実験を再度行ったところ、驚くべき結果を得た。多くの大人がピアジェの最終段階に達しておらず、子供と同じ間違いを犯したのだ。被験者のほぼ三分の二は水面を五度以上間違えて描いた。しかも幾人かは九〇度以上というまったくもってひどい間違いをした。「二〇歳の人間はグラスを傾けて飲む機会が数多くあったはずだが、この課題ではその経験を生かすことができない」と、当時ルベルスキーは学術論文らしく控えめに表現した。

ジョッキ内のビールの状態は？ ウェイトレスはそれを知らなかった.

この間違いのひどさをはっきりさせるために、一つ計算例を見てみよう。一日にわずか三度グラスを傾けて水分を摂取したとしても、人は二〇歳までに通算約二万回もグラス内の水面が水平のままであることを観察したことになる。そんな人間がいざ水面を描くと、斜めに描写するのだ！

しかも、これがすべてではない。ルベルスキーの研究はもっとまずいことを白日のもとにさらした。「本当は言ってはいけないことかもしれないが」と、ヘヒト。水面タスクに関して、女性は男性より格段に劣っている。この結果が発表されて以来、多くの心理学者がこの問題を扱うようになり、今日まで一〇〇以上の論文が発表されている。しかし、どのようなアプローチを取っても、男女差を消すことはできなかった。たとえば典型的な例として一九九五年に発表された研究を見てみると、男性の五〇%は非常によく、二〇%は非常に悪かったが、女性の場合には二五%が非常によく、三五%が非常に悪かった。

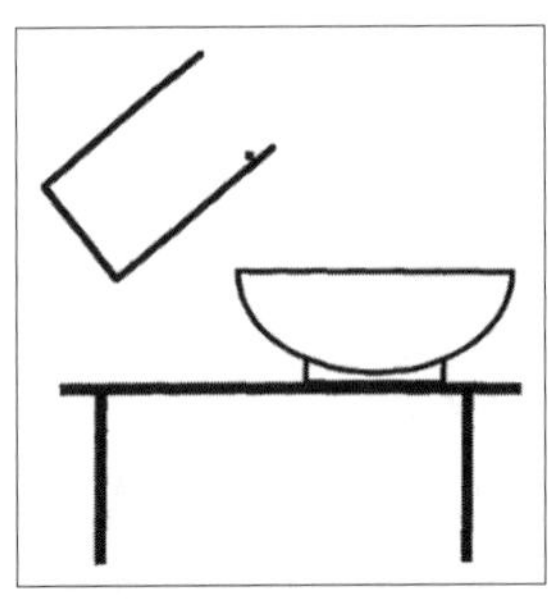

【問題】図のグラスは動いておらず，よって中の水も静止している．グラスの右端にある点を通る線を引いて水面を描け（解答は次ページ）．

この差違の原因については多数の仮説があり、X染色体の劣性（潜性）遺伝子から、平衡器官の男女差、そして、少年が少女よりも積み木で遊ぶことが多いという事実まで、さまざまである。ほぼ八〇年に及ぶ水面タスクの研究をもってしても、なぜ人間がそれほど間違えるのかまったく不明である。そして、女性が男性よりも多く間違える理由も同様にわからない。ヘヒトのオクトーバーフェストでの調査が暗やみに一条の光を投じた、と期待した者は失望することになる。彼はその奇妙な結果により、より多くの混乱をもたらしたのだった。

ヘヒトは、米国のバージニア大学で博士論文を仕上げた直後に、この実験のアイディアを思い付いた。当時彼は、専門家とは何か、人はいかにして専門家になるか、という問題を考えていた。当時の女性同僚一人が水面タスクに取組んでおり、さらに彼はちょうどミュンヘンのマックス・プランク心理学研究所に移動する予定であったため、オクトーバーフェストのウェイトレスのことを思い出したのだった。

彼女たちは中身をこぼすことなく、左右両手に五個ずつのビールジョッキを持ってテントからテントへと動き回る。「彼女たちはグラス内のビールをよく知っているはず」と、彼は考えた。「この問題に関しては専門家なのだから」。

ヘヒトの指導教授デニス・プロフィットも、専門家がこの課題をいかに解くかに興味があった。彼は専門誌『サイエンス』に次のように述べている。一九七〇年代にこの問題を間違えた初めての博士に出会って以来、私は経験が水面タスクの回答に及ぼす影響について知りたかった。この博士は薬理学者であり、一日の大部分を試験管を振って過ごす男であったのだ。

ヘヒトは、会場で二〇人のウェイトレスの協力を得て、傾けたグラスに水面を書き込んでもらった。その後、それぞれ二〇名のバーテンダー、主婦、バス運転手、学生に対して実験を行った。結果は明確で同時に驚くべきものだった。ウェイトレスとバーテンダーは他の職業グループよりはっきりと劣っていた。かれらのわずか三分の一だけは水面をちょうど五度の傾きで描いたが、平均的な乖離角度は二一度であった。それだけではない。間違えた被験者のなかで、正しい答えを示されて最も驚いたのは、ウェイトレスとバーテンダーであった。ヘヒトは、彼らを納得させるため、実際にグラスを傾けて何が起こるかを示さなければならないことが幾度もあった。こうしてヘヒトは水面タスクの未解決の問題に、さらに新しい未解決問題を一つ付け加えることになった。それは、経験により間違いが増えるのはなぜか、という問題である。

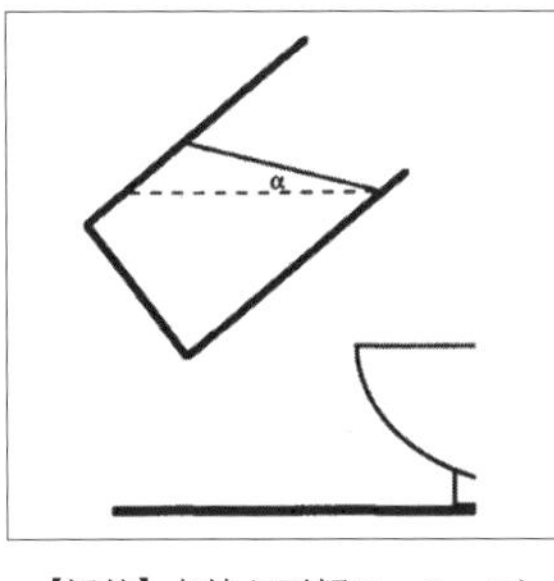

【解答】点線が正解で，テーブルに平行．実線は典型的な間違いの例．

ヘヒトとプロフィットは、経験によりグラスが基準系とみなされたという可能性を指摘する。バーテンダーとウェイトレスは飲料をこぼしてはならない。それで、飲料表面とグラス上端との距離を見極めて調節する必要がある。このようにグラスに集中した結果、今回の課題のような場合にもグラスを基準と考えたかもしれない。しかし、実際は周囲が基準である。

しかし、これはこれまでこの問題に関して立てられた多くの仮説の一つでしかない。ヘヒトとプロフィトがこの結果を発表してから二年後の一九九七年に、別の研究者がまったく逆の研究結果を発表した。それによると米国のバーテンダーとウェイトレスの成績は会計担当職員と女性販売店員よりもよかった。

もしこれでも謎が不十分だというのなら、もう一つ謎を紹介しよう。漢字が使える人は水面タスクでの成績がよい、と最近の調査は示した。

1991年 温室内でのサバイバル

一九九一年九月二六日朝八時、女性四名と男性四名がアリゾナ砂漠にある外界と完全に遮断された温室に入った。二年後に再び外に出てきたとき、幾人かは互いに口をきかないほど敵対していた。ガラス製の巨大な建造物の名は「バイオスフィア2」。名前の由来は、一つ目の生物圏（バイオスフィア）である地球の縮小コピーを目指したからである。

すでに一九六一年には、ソ連の科学者エヴゲニー・シェペレフが、二四時間空気を通さない鋼製の樽に閉じこもった。呼吸により発生した二酸化炭素はクロレラが再び酸素に変換する。その後、より長期間にわたる実験により、閉じたシステム内での食料生産が試みられた。長期的目標は、宇宙空間で長期間滞在するために、自給自足できる閉鎖された小世界をつくることであった。

しかし、バイオスフィア2はそれまでの実験の中で最も大胆なものだった。サッカー場二個半分の敷地が六五〇〇枚のガラス板で覆われた。地面は五〇〇トンの鋼で覆って密閉した。検査によりスペースシャトルの二倍の強度で密閉されていることが示された。

何も入り込まず、何も外に出ない。これが、二年間にわたるミッションの最重要原則だった。もっとも、これは物質的な面に関してであり、バイオスフィア2の維持に必要な六〇〇万キロワット時のエネルギーは外部から供給された。

そのとき世界はまだ平穏だった．1991年9月26日，8人の人間が巨大な温室バイオスフィア2に閉じこもった．そこで2年間生活するために．しかし，すぐに対立が起こった．

生態系を形成する動物相および植物相は、それ自体およびその受益者八名の生命を維持できるよう設計された。それまでの実験では動植物の数を最小限に抑えていたが、バイオスフィア2は一種の小さなエデンの園であった。土壌は二三タイプあり、ジャングル、サバンナ、湿地、岩石砂漠および砂漠がそれぞれ一つずつあった。滝やサンゴもある海があったし、農業区域にはヤギやブタやニワトリもいた。さらに、実験室、作業場、コンピュータールーム、図書館が設置されていた。

当初、メディアはこれを熱狂的に取上げた。科学雑誌『ディスカバー』は「月面着陸以来の最も刺激的な科学プロジェクト」と、書いている。しかし、実験の始まる半年前にあるジャーナリストが、この計画の参加者は一種の新興宗教を形成しており、まったく非科学的なプロジェクトである、と主張した。

実際、実験の主導者はシナジストに関連していた。これは、一九六〇年代のカウンターカルチャーに触発されたニューエイジの一つである。彼らが設立した環境技術研究所の目的は、自然と技術のグローバルな対立を解決することであった。代表のジョン・アレンはビート族のような服を着て登場し、口を開けば偉そうなことを言った。バイオスフィアンとよばれるバイオスフィア2の住人のユニフォームは、マリリン・モンローの有名なプリーツスカートを生み出したウィリアム・トラビラの作だった。しかし、それを着用するとまるで「宇宙船エンタープライズ号」の乗組員のようで、信頼性を高めることには貢献しなかった。実験の資金提供者はテキサスの若い億万長者エド・ベースで、彼もシナジストに関係していた。

サッカー場2個半分の土地を6500枚のガラス板で覆った．ジャングル，サバンナ，湿地，岩石砂漠および砂漠がそれぞれ一つずつ．さらに，滝やサンゴもある海があり，農業区域にはヤギ，ブタおよびニワトリもいた．

バイオスフィア2内の生活は近代的であると同時に前時代的でもあった。住人の部屋はすべて贅沢で、ステレオ、テレビ、ビデオが備え付けてあった。通信機、コンピューターおよび現代的なキッチンもあったが、トイレットペーパーはなかった。バイオスフィア2内で紙を生産することはできなかったからである。もっとも、トイレはシャワートイレだったが。すべての物質の循環が閉じたサイクルとなるように設計されており、水は浄化され、排泄物は堆肥化され、呼吸により排出された二酸化炭素は植物が吸収して酸素に変換された。

バイオスフィアンが中に入り、エアロックが閉じると、彼らはすぐに空腹に悩まされた。脂肪と肉中心から、繊維質と野菜中心の食生活への変更は困難だった。さらに、ミニチュア世界の農作業に多くの時間と労力を裂いたので、カロリー需要が増加した。

不幸なことに、大豆の生産が思わしくなく、豆にはカビが生え、ジャガイモはダニに襲われた。ヘアドライヤーでダニを駆除しようとしたが失敗した。少なくともサツマイモはそこの環境に適していたようだった。住民は大量にサツマイモを食べ、色素であるβ-カロテンにより手がオレンジ色になったほどだった。

バイオスフィア2はアリゾナ砂漠にあり，植物が酸素濃度を安定させるために十分な太陽光があるはずだった．しかし，実験開始1年後には外部から酸素を供給する必要があった．

より大きな問題は空気の組成をある程度安定させることであった。大気のおもな成分は窒素七八％、酸素二一％、および二酸化炭素約〇・〇四％である。当初の計画では、動植物を適切に組合わせて、組成を安定させるはずだった。しかし、実際の計測を始めると、二酸化炭素濃度が大きく変化することがわかった。余分なガスを除去するため、潜水艦でも使われる洗浄塔が設置された。後に偶然それが外部に漏れると、一部のメディアは、バイオスフィア2の運営部門による隠蔽を疑った。

コミュニケーションに関して、アレンはまったく悪夢のような存在だった。勝手に独り言を言う傾向があり、インタビューを中断したり、意図的に情報を出さなかったりした。彼こそは、プロジェクトの責任者マーガレット・オーガスティンと共に、二九歳から六九歳の被験者八人を選出し、船とオーストラリアの農場で行われた奇妙な準備旅行に送り出した人間だ。また、二人ははっきりしない理由で幾度も職員を解雇していた。

お粗末な組織運営が、八人のバイオスフィア2の住人が対立したおもな原因だった。一方のグループはアレンを支持し、もう一方は拒否した。大騒動となったのは、バイオスフィア2の酸素濃度が低下したときだった。アレンは想定外の値を可能な限り科学者による委員会に隠した。しかし、実験開始から一年余り経過した一九九三年一月一三日には、外部から酸素を供給しなければならなかった。

バイオスフィアンの一部は、科学者委員会に、酸素不足の原因を解明する方法を提案した。しかし、簡単な実験により個々の影響要素を分離・特定するという帰納法的科学に対して、アレンが不信を抱いていることがすぐに明らかになった。バイオスフィア2はその正反対の性質をもち、ほぼ把握不可能なほど多数の干渉要因をもった複合システムである。

酸素不足の原因は、後の分析で解明された。それによると、コンクリートが多量の二酸化炭素を吸収したため、植物が酸素を十分供給できなかったのだった。

滞在二年目には、対立するグループは互いにほとんど会話をしなくなった。食糧不足の噂が外部に流れると、一人は同僚からつばを吐きかけられた。秘密を漏らしたとみなされたのだ。

「われわれは互いに殺し合わなかったことを誇りに思う」と、ジェーン・ポインターがその著書『人体実験』の中でバイオスフィア2での二年間の生活について語っている。一九九三年九月二六日、八人はメディアが大騒ぎする中バイオスフィア2を後にした。

バイオスフィアを巡る対立はその後も続いた。一億五〇〇〇万ドル支出したベースは会計検査を要求し、最終的には警察の協力を得てアレンを始めとする運営スタッフを施設から排除した。そのとき、すでにバイオスフィア2では第二次ミッションが始まっていた。その四日後には、アレンに近かった第一次チームの二人がバイオスフィア2での任務を妨害した。

第二次ミッションが予定より早く中断した後、一九九六年から二〇〇三年まではニューヨークのコロンビア大学が科学的実験のために施設を使用した。二〇〇七年には、土地と施設を民間業者が購入した。一戸建て住宅とホテルの建設を意図したが実現せず、アリゾナ大学が、研究目的のため施設を借り受けた。

結果から見れば、バイオスフィア2は失敗だったといえるかもしれない。酸素を外部から供給する必要があったし、ゴキブリとアリの異常繁殖、花粉媒介者すべてと脊椎動物二五種のうち一九種が死滅した。なお、ブタの死滅には人為的要因があった。ブタは食料に関して住人と競合関係にあったため、屠殺されたのだった。

他方、実験は世間で大きな反響があった。人間を動物と一緒に巨大な漬け物瓶に入れて、何が起こるかを観察する。この地球上での生活が本来何を意味するかを示す、これ以上の方法はないだろう。

1992年 少年は生まれつきおもちゃの自動車が大好き

愛する子供の誕生日が近づくと、偏見をもたない両親は皆同じ問題を抱える。息子は迫力のある大型トレーラー車をプレゼントされたばかりだが、本物そっくりのコンクリートミキサー車を買うべきだろうか？　それともフォークリフトはやめて、人形を考えるときだろうか？　では、娘には？　バービー人形用の三着目のファッションフィーバードレスの代わりに、レゴブロックを勧めるべきではないだろうか？

子供の世界で、性別によるおもちゃの好みほど変わらないものはあまりない。それは社会化の結果で他の理由はない、と長い間考えられてきた。男子は成人男性を真似し、女子は成人女性を模倣する。さらに、広告の影響を受けて、男子はピンク色のポニーの縫いぐるみには近寄らなくなる。しかし、それがすべての理由だろうか？　心理学者のメリッサ・ハインズはそれに疑念を抱いた。

彼女が一九九〇年代にロサンゼルスのカリフォルニア大学にいたときの研究によると、出生前の障害のために男性ホルモンのテストステロンを多く分泌した少女は、その後ヘリコプターや消防自動車により多くの興味を示すようになった。

しかし、玩具（おもちゃ）に対する子供の好みにはホルモンも影響する可能性がある、という考えには、非常に多くの抵抗があった。なぜ子供の好みが生まれつきのものなのか不明だったし、政治的な理由もあった。それは、男女同権を要求する多くのフェミニストが、典型的な女性あるいは男性の振る舞いは社会の影響でしかない、と主張していたからだ。もし女性が、少女のころから遺伝的に料理を好むとしたら、それは政治的には非常に不都合だ。

解決法の決定的アイディアをもたらしたのは、同僚のマーガレット・ケメニーだった。玩具の好みに関する実験をするのに、保守的な両親や強烈な広告の影響を完全に排除できる存在を使用してはどうか？　それはつまりサルだ。ハイネスと協力者のジュリアン・M・アレキサンダーは実験を考え出し、一九九二年にセプルベダ地区にある大学のサルの飼育施設で行った。雄雌それぞれ四四匹のベルベットモンキー八八匹をグループに分けて、順番に六個の玩具を与える。そして、どの玩具で一番長く遊ぶかを観察した。玩具の人気度はそれ以前の研究を参考に決定した。典型的な男子用玩具であるボールとパトカーそれぞれ一つ、典型的な女子用玩具である人形と調理鍋それぞれ一つ、それに中性的な絵本とイヌのぬいぐるみがそれぞれ一つである。

結果は非常にはっきりしたものだった。雄ザルは雌ザルに比較してボールとパトカーで遊んだ時間が二倍で、人形と調理鍋で遊んだ時間は雌が雄の二倍だった。絵本とイヌのぬいぐるみに関してはほとんど差違はなかった。小さな違いを除いて、サルとヒトの子供は似たような行動を示したわけだ。ヒトの少年と同様、雄ザルは、少女や雌ザルと比較して、非生物的な玩具で遊ぶ頻度が高かった。

心理学者のメリッサ・ハインズは雄と雌のサルが人形，ボールおよびおもちゃの自動車で遊ぶときの傾向を調べた．結論は男女同権を主張するフェミニストにとって不都合なものだった．

これが何を意味するかはまだわからない。それは、サルに対して子供と同様の方法を適用できなかったので、なおさらである。子供を使ってこの種の実験をする場合には、通常子供は一人で、かつ同時に二つの玩具を与えて選択させる。確かなことは、玩具の好みの性差が両親やテレビ広告によってのみ形成されるのではなく、生物学的な理由もあるということだ。ハイネスとアレキサンダーが研究結果を公表しようとしたとき、この認識がいかに不人気なものであるかを思い知らされた。結果を発表する専門誌が二〇〇二年に見つかるまで、一〇年も要したのだ。六年後、別の研究者は、雄のアカゲザルがタイヤ付きの玩具を好み、ぬいぐるみの動物を嫌うことを示した。

大きな問題は、この好みの違いの原因である。雄あるいは雌の脳が、進化の過程で形成されたときにはまだ存在していないものを好むのはなぜか？ 大型貨物車の何が雄の脳にとって魅力的なのか？ これは現在多くの人間を悩ませている。可動部分であろうか？ あるいは、玩具自体ではなく、それで何をするかが重要なのか？ 実際、人形では地面を走り回ることはできない。

科学でこの問題に取組んでいるのはほとんど女性である。彼女らがこの問題に取組んでいる間も、かつての男子同級生は自動車の設計をしたり、サッカーをしているのであろう。

1992年 クジラの死体を沈める方法

帰ったら服とダイビングスーツを破棄しなければならない。クレイグ・スミスが一九九二年にハワイで飛行機に乗込むときには、すでにそのことがわかっていた。それはクジラの死骸を扱う彼の仕事の難点の一つだった。死骸の放つ悪臭を取除くことは不可能だ。その数日前、体重一〇トンのコククジラの死骸が、サンディエゴの近くに漂着したことを知り、即座にこのカリフォルニアの港町への飛行機のチケットを予約したのだった。さらに、ボート一隻と乗組員をチャーターし、そして鉄くず七〇〇キログラムを用意した。

スミスは、ハワイ大学で巨大な有機物が深海に沈んだ場合に何が起こるかについて、長い間研究していた。もちろん、クジラの死骸ほど大きな有機物は他に存在しない。しかし、海底でクジラの死骸が発見されるのは偶然かつまれなので、自らクジラを海に沈めることにしたのだった。

一九八三年の最初の実験はまったくの失敗で、死骸は一向に沈まなかった。体内に発酵ガスがたまり、浮力が大きくなったのだ。そのうえ嵐が起こったので、死骸を流れるに任せて、陸に帰らざるをえなかった。二度目の実験は一九八八年にワシントン州シアトル市に面するピュージェット湾で行ったが、それも部分的な成功でしかなかった。このときは死骸が海底に沈んだが、この地域では潜水艇が見つからず、潜って調べることができなかったのである。

今回のクジラはより都合のよい位置にあった。サンディエゴ近くの海は、研究用潜水艇の活動地域で

クジラを沈める際のいくつかの段階. クジラを固定する（上), 目的地にまで曳航する（中), バラストを付けて沈める（下). 乗組員は銃を撃つこともよくあるが, 効果はない.

ある。クジラが海軍基地の側に漂着したことも、幸運だった。基地の兵士が願ってもない気分転換だといって、軍の水陸両用車輌でクジラを沖まで運んでくれたのだ。スミスたちはそこからクジラを曳航（えいこう）して沖合を二四時間進み、この奇妙な組合わせの一行は、実験場として選んだサンクレメンテ海盆に到着した。そこで正確な位置を記録し、クジラに鉄くずを付けて沈めた。海深は一九二〇メートルだ。研究者の手助けをしようとした乗組員の幾人かは、クジラの死骸をピストルで撃った。「それは、何の助けにもならなかったが、彼らもこのプロジェクトの一員であるという思いを与えた。それは、とても米国的な行為だった」と、スミスは理解をこめて言った。

条件は完璧だったが、スミスは今度も実験の行方を危ぶんだ。海底に沈んだ死骸まで潜る資金がなかったのだ。二度にわたる研究費の申請は拒否され、三度目でやっと認められた。こうして、クジラを沈めてから三年後、再びその場所を訪れた。サンクレメンテ海盆の海底は比較的平らだったので、音波探知機で容易にクジラの死骸、いや、その残骸を見つけることができた。

水深 1674 m の海底で 6 年経過した体重 30 t のクジラ.

潜水艇「アルビン」で潜ってみると、再利用プロセスの大部分は終わっていた。残っていたのは、いわゆる分解の第三段階にある骸骨だけだった。そこには数万の貝が住み着いていた。貝の生存には、骨の内部の油脂から細菌がつくり出す硫化物が必要不可欠だ。第一段階では、メクラウナギやオンデンザメなどの死骸を食する大型魚が、一日四〇から六〇キログラムの肉を食べる。この段階はほぼ六カ月間で終了していた。貝や虫が穏やかに住み着く時期である第二段階も、すでに終わっていた。この二つの段階については、後の実験で観察することができた。

スミスの考えでは、彼が発見した種のいくつかはクジラの死骸だけを食料としている。これは意外な感じがするかもしれない。クジラの死骸が食料源として海底に存在するのは限られた時間であるし、かつ、至る所にあるわけでもない、と思えるからだ。しかし、スミスの計算によると、大型のクジラ一頭の骨は八〇年以上にわたって食料源となりうるし、二つの死骸の平均的距離は一六キロメートル以下である。つまり、クジラの死骸は海底における生態系の維持に重要な貢献をしているのだ。

スミスはこれまで七頭のクジラの死骸を海底に沈めてきた。自らの仕事が服につく悪臭以上のリスクを伴うことを、彼は一九九八年に初めて実感した。そのとき彼は、桟橋の下に流れ着いた体長一二メートルのコククジラを沈めようとしていた。クジラを曳航するため、ダイビングスーツを着用して網をかけた。目的地で網を外そうとしたときになって、初めて体長二メートルのヨシキリザメに気付いた。桟橋ですでにクジラに食いついており、一行は間違えて一緒に網をかけたに違いない。後になってスミスは、サメのような物に足が触れたことを思い出したのだった。

1992年 コスタリカの奇跡

ジェームズ・グラシーンが博士論文に取掛かったとき、大きな困難があるとは思わなかった。当時彼はマサチューセッツ州ケンブリッジ市のハーバード大学で、生体力学者トーマス・マクマホンのもとで学んでいた。一九九〇年代の初めに、学友の一人が研究室に持ってきたバシリスクの写真を見て、このトカゲが水の上を歩く仕組みを理解したいと考えた。聖書にイエス・キリストが水の上を歩いたとあることから、このトカゲは「キリストトカゲ」ともよばれている。「特に難しいことではない、と確信していた。ある程度知られた物理学の法則や公式で十分だと思っていたし、実験に使うトカゲはペットショップで買えると信じていた」と、グラシーンは当時を振返る。しかし、数カ月後、彼は汗にまみれ、暗い気持ちでコスタリカの安酒場にいた。

米国のペットショップはバシリスクを扱っていなかったので、自らジャングルで探さざるをえなかったのだ。約一カ月かけても捕獲できなかったので、酒場にいた現地人の勧めに従って、別の小さな村ゴルフィトで探すことにした。ほとんど絶望していた彼は、その村に着くと再度酒場に入り、生きたバシリスクを持ってくれれば五ドル支払うと約束したのだった。

再び外に出ると、この申し出がいかにばかげたものであるかわかった。ゴルフィトはバシリスクで溢れていたのだ。それで、程なく一ダースも自分で捕獲することができた。しかし、その間に彼の申し出は村の青少年の間に広まっていた。それで、汚れた制服を着た小さなラテンアメリカ人が、バシリスクをいっぱいつめたジュート繊維製の袋を持って、広場にやってきた。もう十分な数を集めてはいたが、

生体力学者ジェームズ・グラシーンはこのバシリスクの写真を見て，トカゲが水面上を歩く仕組みを突きとめたくなった.

もちろん幾匹かを買わざるをえなかった。

ケンブリッジ市に帰り、バシリスク一二匹を実験室に持ち込むと、同級生は批判的なまなざしを向けた。技術系の実験室で、通常は動物などおらず、非常に清潔なところだった。この小型爬虫類が何度も逃げだし、さらに、グラシーンが餌となるコオロギの飼育を始めると、実験室での彼の評判があがることはなかった。

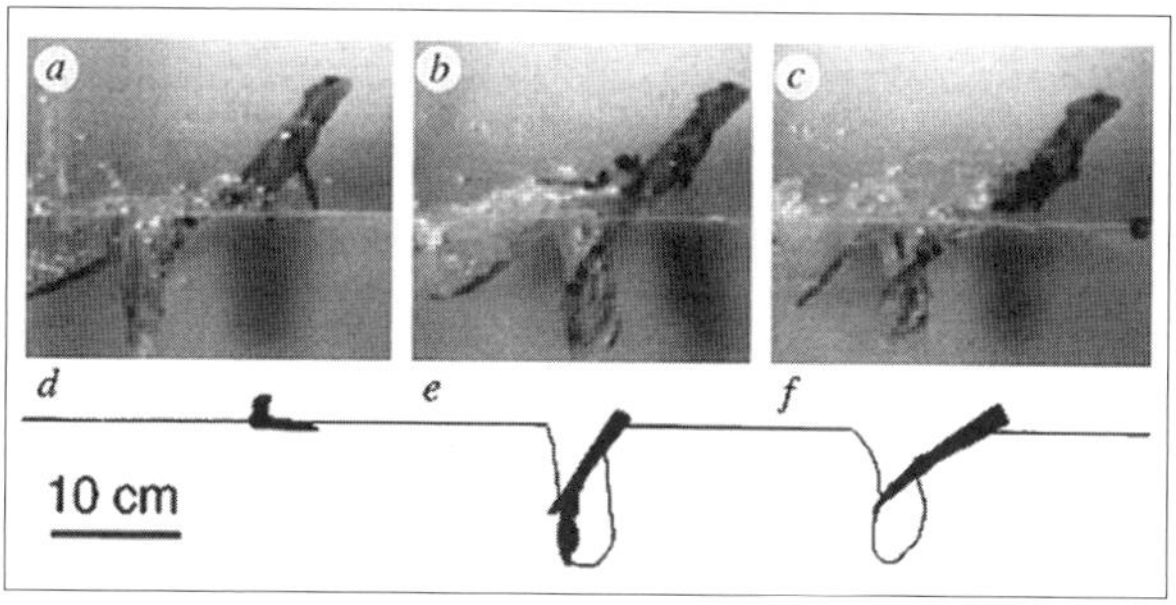

ハイスピードカメラが疾走のプロセスを録画した.

トカゲのトリックを解析するため、録画を始めた。実験室に長さ三・六メートルの水槽を設置し、トカゲにその上を走らせた。水槽の設置は、それがすぐに水漏れしたこともあり、やはり同僚の不評を買った。中型のトカゲは毎秒約二〇歩進むので、ハイスピードカメラを利用した。足の動きを一秒間に四〇〇コマ撮影できる。バシリスクの足に加わる力を計測するため、異なった大きさの足の模型をアルミニウムでつくり、計測機器をつないで水面を何度も叩いた。

その結果、予想以上に複雑な物理現象であることがわかった。流体力学の既知の公式は適用できず、まず自ら組立てる必要があった。最初に発表した論文は『フロイド数の低い板の水面に対する垂直方向の侵入』だったが、これが本当は小さなトカゲがいかに水面を走るかという問題を扱ったものだとは、誰も気づかないだろう。もっとも、「フロイド数の低い板」がバシリスクの足のことだと知っていれば別だが。

四年間にわたって映像を解析し、力を計測し、そして、多数の非常に複雑な計算式を使用して、やっと秘密を解明することができた。まず足が水面を叩く。すると表面張力による抵抗が生じ、沈まないための力の約二三％が得られる。その後、バシリスクが足を素早く下に押し出すと、水中に空気のポケットが生成される。いわば、バシリスクは押し込んだ水をけって飛び上がるようなものである。

体重約九〇グラムの成体のバシリスクは、これで必要な力の約八八％を得ることができる。体重二グラムの子供のバシリスクは、この二つの効果から二二五％の力を得る。つまり、子供のバシリスクは水の上でもう一匹の子供のバシリスクを問題なく背負えるわけだ。バシリスクは得た勢いを失わないために、ポケットが再び水で満ちる前に、高速で足を抜き取る。これにより、水中で抵抗が大幅に増加することを避けることができる。

もっとも、これで聖書の奇跡を説明することはできない。体重八〇キログラムの人間が沈まないためには、時速一一〇キロメートルの速さで足を動かして水をける必要があるからだ。

1992年 端数の経済学

一九九二年一一月九日月曜日に、ニュルンベルク市近郊のドラッグストアで、洗剤三キログラムを一〇マルクで購入した客は、自分が科学の実験に参加していることを知る由もなかった。その前の土曜日には、同じ洗剤の価格は九・九九マルクであった。錠剤タイプのにんにくサプリメントも、週末を挟んで二・六九マルクから二・七〇マルクに値上がりしていた。同様に浴槽用洗剤とセイヨウカノコソウの精油の価格も一ペニヒ上がっていた。合計一六〇の清掃用品と二八〇の健康関連商品の価格が切上げられた。ペニヒで表される価格の最小桁が、通常の八や九ではなく〇とされたのだ。

今日に至るまで、小売店では商品価格をぴったりではなく、それをわずかに下回るように設定することが多い。非常に多数の商品の価格が九九、九八あるいは九五で終わる。この価格設定は二〇世紀初頭の米国で始まり、本来は従業員による窃盗を予防するためのものであった。ぴったりの価格の場合、店員は客から預かった代金をそのままポケットに入れることも可能だが、端数があると、おつりを用意するために、その代金を持ってレジにいく必要がある。

しかし、この価格設定には別の効果もあった。一九・九九ドルの商品は、二〇ドルの商品よりも、実際以上に安い印象を与える。客は右端の数字を無視する傾向があるので、二〇ドルではなく一九ドル、または、場合によっては一〇ドルとさえ認識する。

一商品につき一セント損することにはなるが、客が特に安いと感じて多く買うなら、結果的には得をする、と考えられたのだ。

すでに一九三〇年代に、ある通販会社がその効果を見極めようとした（72ページ参照）。六〇〇〇万部のカタログの一部に掲載された、通常は〇・四九、〇・七九、〇・九八、一・四九および一・九八ドルの商品の価格を、それぞれ〇・五〇、〇・八〇、一・〇〇、一・五〇および二・〇〇ドルに設定したのだった。しかし、はっきりした結果は得られず、一般的な規則を導き出すことはできなかった。商品の一部では販売量が大きく伸びたが、一部は大きく落ち込んだ。

その六〇年後、ヘルマン・ディラーは洗剤と錠剤タイプのにんにくサプリメントで実験を行った。ディラーはエアランゲン＝ニュルンベルク大学のマーケティング論を専門とする教授で、この実験をアンドレアス・ブリールマイヤーと共に行った。多くの商人は、この種の端数のある価格を作為的に設定することが、売上増につながると信じているが、彼はそれにずっと懐疑的であった。

この実験の最大の困難は、実験に協力する経営者を見つけ出すことだった。「価格で遊ぶのは危険だと思われている。それは、経営者にとって火遊びのようなもの」と、ディラー。最終的にはあるドラッグストアチェーンが、清掃用品と健康関連商品に四週間、端数のないぴったりの価格を付けることに同意した。同意を得るためにディラーは、端数の有無による一商品当たり一または二ペニヒの利益の差が、年間一二〇万マルクもの額になりうる、と計算して見せたのだった。実験の結果、端数のない価格設定によって全体的に売上高が減少することも、販売商品数が減少することもなかった。反対にどちらとも増加した。もっとも大幅な増加ではなかったが。

つまり、常にそしてあらゆるところで端数のある価格で客を引きつけようとすることは、経済学的なナンセンスなのだろう。しかし、一概にそうとも言い切れない。米国の研究者二人は一九九〇年代に二種類のカタログをそれぞれ三万部配布した。一方では服の価格が七ドルから一二〇ドルで、もう一方では六・九九ドルから一一九・九九ドルだった。すると、「九九」の方では、なんと九％も売上が多かった。多分、端数のある価格が企業に有利か否かの普遍的な答えはないのだろう。

端数のある価格が効果を発揮して売上増につながる、ある種の「価格の閾値」がある、とディラーも考えている。たとえば洗剤では一〇マルクの代わりに九・九九マルクである。傾向としてそれが顕著になるのは、価格がマルクの単位で終わり、ペニヒの単位がない場合である。

九で終わる価格が売上増につながるという予想は自己充足的予言となった。消費者は最後の九が「安さ」を意味すると思い込んでおり、ある実験では三九ドルの服が三四ドルの同じ服より格段に多く売れたのだった。

　至るところで端数のある価格を使うことに対する自らの懐疑的態度が、まったくの間違いではないことを、ディラーはシャンパン三本が郵便で届いたときに知った。ある卸売りチェーンの経営者がその添え状に、端数なしの価格にしたら、千万マルク単位で売上が増加したと書いてきたのだった。

1993年 交換された和平計画

　イスラエル人学生にパレスチナとイスラエルの和平計画を示して、前者を後者よりも有利だと判断させることはできるだろうか？　中東の状況を知る外交官にとっては不可能だろうが、イスラエルの社会心理学者アイファト・マオは、一九九三年初夏にあるトリックを使ってこれに成功した。

　イスラエルとパレスチナの和平に貢献したい、とマオは常々考えてきた。「対立の解決に無意味な研究をすることなど、私には想像もできなかった」と、ヘブライ大学の教授は語る。彼女は一九九〇年代の初頭に博士論文のテーマを探しているとき、カリフォルニア州パロアルト市にある、スタンフォード大学の心理学者リー・ロスと出会った。ロスはナイーブ・リアリズム、つまり、各人がもつ、自分は物事を現実通りに見るという確信、に関する研究で有名な研究者だ。われわれの脳は賞賛すべきでかつ自己本位な能力を備えている。それは自らの知覚と見解を正確で、現実的で、かつ、偏見のないものだとみなすことだ。

　ロスは、人間のもつこの性質が、異なった考えをもつ人間二人が遭遇したときに、いかなる結果を生むかを理解した。もし私が物事を現実通りに見るなら、もちろん他の理性的な人間も私の見解に同意するはずである。同意しないのなら、私は理性的な論拠をもって納得させることができるはずだ。もしそれでも理解しないのなら、その人間は馬鹿か、怠け者か、偏見をもっているかだ。もっとも、この場合問題が一つ残る。それは相手も同じように考えることだ。

特に長く続く対立では、当事者は、相手が不誠実であるかまたは何か企んでいると確信している。敵の見解は最初から評価が低く、それは自らの見解とどれほど近いかは関係ない。ロスは、相手に対するこの無意識の蔑(さげす)みを実験室でのロールプレイイングにより実証した。マオは、現実の対立の際にも同様の現象があるかを確認しようとした。

1993年9月13日の歴史的握手．左がイスラエルのラビン大統領，右がパレスチナの指導者アラファト議長，中央がクリントン大統領．交渉過程での和平案が精妙な実験に使われた．

近東問題の専門家である父親モシェ・マオの助けを借りて、イスラエルとパレスチナが、一九九三年にワシントンで行った和平交渉の際に提示した和平案を用意した。そのなかから、イスラエルが提示した五月六日の案と、五月一〇日にパレスチナが提示した案の二つを選び、若干短く要約する。そして、それぞれの提案がイスラエルおよびパレスチナにとって、どの程度有利かを学生たちに判断させた。一は非常に不利で、七は非常に有利である。この種の交渉では普通だが、それぞれの提案はどちらかと言えば概略的にまとめられている。

その際学生に秘密だったことがある。それは一部の質問用紙では提案者を変更してあったことだ。イスラエルの提案はパレスチナが提案したものとなっており、パレスチナの提案はイスラエルのものとされていた。すると学生は、実際の味方の提案（三・二六）よりも味方のものだと偽って示された敵の提案（四・〇六）をはっきり優れていると評価した。政治家は幾晩にもわたって細部を検討する必要はなかったのだ。大切なことは何が書いてあるかではなく、誰が書いたかなのだから。なお、提案者を変更しなかった場合には、学生は自国の提案を支持した。

マオが実験参加者に提案者を変更したことを説明すると、学生は戸惑うことも恥ずかしがることもなかった。これは驚くべきことだ。学生に対し、彼らが不公平で、和平案の内容ではなく、提案者の方が大切だと判断したことを示したのだから。しかし、学生は「まったくもって合理的だ。われわれは戦いの最中にあり、パレスチナ人は敵だ。彼らを信頼することはできない。よって彼らの提案も信頼できない」と、言っただけだった。

マオはこの実験を毎年行っている。当初はこの結果に驚いていた。政治的素養のある人間が、自らにとって非常に重要な対立に関して、このような態度を取る理由はなんだろう、と考えていた。今日では、これは誇りの問題だと考えている。つまり、学生の誇りは、政治に関する彼らの専門知識に由来すると考えていたが、実際にはパレスチナ人に対する徹底的な不信によるのだろう。

マオが学生の回答を政治的立場を考慮して分析すると、いつも激しい議論となる。ハトかタカか？　ハト派はパレスチナ人との妥協を支持し、タカ派は否定する。この分析の結果もいつも同じである。ハト派の評価は提案者によって強く影響され、タカ派は提案者に関係なくいつも同じ判断をする。これは、タカ派が、提案者が誰であろうと常にパレスチナ人との妥協を拒否するからである。それでもマオは時折挑発的な問いを投げかける。「この結果は、政治的左派に属する人間、つまりハト派は、右派よりも偏見をもっていることを意味するのか？」この問いに対する最終的な答えは、まだ見つかっていない。

マオのトリックは別の方向でも機能する。アラブ系イスラエル人は通常パレスチナ人を支持するが、提案者を交換すると、パレスチナ側よりイスラエル側の和平案を優れていると回答した。結果はイスラエル人学生の場合ほどはっきりしたものではない。もっとも、マオの考えでは、アラブ系学生はマオがイスラエル人であることを知っていたために、正直に答えなかったのだろう。

相手に対するこの不動の先入観は、交渉においてはほとんど乗り越えることのできない障害となるが、それでもマオはこの結果をポジティブにとらえることに成功した。つまり、少なくとも人をそれまで拒否してきた解決策に賛成させたのだ。

もちろん、提案者の交換は実際の交渉では不可能だ。しかしマオはすでに次の実験を実施している。それは、独立した第三者が提案者として登場する場合の影響に関するものだ。両当事者が和平案を受け入れる可能性は、それにより格段に大きくなった。次の実験では、提案者が女性か男性かで違いがあるかを確認するつもりである。

1993年 死体農場

一九九三年九月、テネシー大学の人類学研究所はある実験を行ったが、その結果が専門誌に発表されることはなかった。死体番号四-九三を使った実験の結果を知りたければ、パトリシア・コーンウェルの推理小説『死体農場』を読む必要がある。

コーンウェルは、一九九〇年に発表した初めての推理小説が大ヒットし、同時に法医学小説という新しいジャンルを確立した。主人公のケイ・スカーペッタは法医学者で、死後硬直や頭部打撲による頭蓋

散歩者が幾度も死体を目にして驚いたため，死体農場の塀が強化された（左）．死体農場の様子（右），三つ足の器具は毎日死体の重量を測るためのもの．

骨の状態についての豊富な知識を総動員して、事件を解決する。

その知識の大部分はコーンウェルが直接得たものだ。作家になる前は、バージニア州の法医学施設で法廷レポーターおよびコンピューターの専門家として働いていた。著作での法医学的方法に関するリアルで正確な描写は、専門家からも高い評価を受けている。自らの作品について「現場検証、検死、または、科学的な装置などの描写については、真実を述べていると信じて結構です」と、述べている。

自らが確約した作品の正確性をその著書『死体農場』でも守るため、死体番号四-九三が必要だった。彼女が考え出した事件を解決するためには、地下室で数日間、硬貨の上に放置された死体にどのような痕がつくかを、知る必要があった。しかし、法医学者は誰もそれに答えられなかった。彼女の知る限り、助けてくれそうな人物は一人だけ。それはビル・バス。冗談で「死体農場の市長」とよばれる男である。

バスはテネシー大学の法医学人類学者で、長年死体の腐敗について研究してきた。コーンウェルは法医学施設で働いていたときに、ある会議で彼と知り合っていた。バスは一九八一年に、ノックスビル市の彼のオフィスから自動車で五分のところに、人類学研究所を設立した。敷地面積が〇・五ヘクタールの複合施設で、自然状態での死体の腐敗を観察できる。警察はそれを程なく「死体農場」とだけよぶようになった。最初の死体の番号は一-八一であった。

バスはこの野外研究所で次のような問題を解決できると考えたのだった。それは、腕がとれるのはいつか？　頭蓋骨から歯がとれる時期は？　虫はどのような順序で死体に住み着くのか？　肉体が骸骨になるまでにかかる時間は？　今日、彼はその知識を使って犯罪者逮捕に協力している。テネシー州警察の特別顧問官として。

もっとも、この死体農場のために、厄介事に巻き込まれたこともあった。施設設立の四年後、地域の患者組織「ノックスビル市民の問題解決」が、病院のそばに位置するという理由で、施設に反対したのだった。最終的には施設の塀を補強することで合意した。それまでは、散歩する人が何の気なしに死体農場に目を向けて、死体に驚かされることが幾度もあったのだ。

バスがコーンウェルの電話を受けたときには、彼女が彼と死体農場を世界的に有名にすることを、まだ知らなかった。回顧録『実録死体農場』に、当初はコーンウェルのために実験をするつもりはなかった。しかし、彼女の意図を詳しく聞くと、私の科学的好奇心がよび起こされたと書いている。それは、気温の低い閉鎖空間での死体の腐敗に関するものだった。

それまで、死体はおもに埋めるか、野外に置いておいた。最終的に実験に同意したのは、コーンウェルの名声が影響したのだろう。バスは「コーンウェルの照会はまったく新しい研究領域の扉を開けた」と、書いているが、研究結果を専門誌に発表することはなかった。

コーンウェルの考え出した殺人事件は、ノースカロライナ州ブラック・マウンテン町にある住宅の地下室で起こる。そこの気温は、夏のテネシー州南部の気温である三〇から三五度よりも格段に低い。コーンウェルは夏に実験を行えるよう、エアコンの設置資金を提供すると提案したが、死体が見つからなかったので結局秋まで延期を余儀なくされた。

コーンウェルは、一九九三年九月のある週末になって、やっと死体農場を訪問した。そのときちょうどフットボールの重要な試合が行われていたので、コーンウェルは、ほとんど残っていなかったホテルの空き部屋の一つを見つけたのだろう、とバスは想像している。次の訪問からはホテルの心配をする必要はなかった。彼女は自家用ヘリコプターでノックスビルにやってきたのだから。その際、一度死体農場の塀をなぎ倒したこともあった。

バスは彼女を連れて死体農場を案内した。コーンウェルは熱心にメモを取る。彼女の創作したヒロイン、スカーペッタは後に次のように報告している。「敷地一面はクルミに覆われていたが、私は一つも食べなかった。ここでは死が完全に地面にしみ込んでいたのだ。あらゆる種類の体液がこの丘の地面に漏れ出ていた」。

バスは実験の準備をすべて整えた。地下室の状態を再現するため、計画中だった器具倉庫のコンクリートの基礎を利用した。そこに長さが二・五〇メートルで、幅と高さがともに一・二〇メートルの合板の箱を逆さにして置いた。

コーンウェルの訪問から二〜三週間後、死体番号四-九三が届いた。コーンウェルの希望通りに、バスと職員が死体を仰向けにしてコンクリートの基礎の上に置く。死体の下には一セント硬貨と他の物を入れ、合板の箱をかぶせる。六日後、死体を死体観察室に運んだ。腰の辺りに円形のくぼみができており、その中央には硬貨にデザインされたエイブラハム・リンカーンの肖像がうっすらと認識できた。これで死体が硬貨の上に横たわっていたことがわかる。主人公のスカーペッタは、この手がかりを使って事件を解決することができるわけだ。バスは写真付きの報告をコーンウェルに送った。

その数カ月後、バスは、彼女が小説を死体農場と名付けることを知った。それだけではない、バスはライアル・シェード博士として登場する。彼は非常に高い専門能力をもつにもかかわらず、控えめで内気、かつとても温和な性格をもつ男である。老人ホームにいる彼の母が、しゃれこうべの固定のために布きれからリングをつくったという話も、コーンウェルの創作ではない。学生が卒業するときに、バスがその種のリングを贈ることはよく知られていた。

　この本が出版されると、バスの電話は幾週間にもわたって鳴り続けた。世界中のレポーターがシェード博士の別人格をインタビューしたがり、テレビチームは死体農場を撮影した。バスは人を追い払うのに苦労するほどだった。一度など一週間のうちに二人の母親が、自分の息子が属するボーイスカウトグループを連れて死体農場を案内してもらえないか、と問い合わせてきた。

　もっともこの騒ぎは神の恵みでもあった。それ以来、死後自らの死体を死体農場に提供しようとする人の数が、大幅に増加したのだ。死体の出所に関して、バスはすでに一度攻撃されたことがあった。テネシーの専門家は、誰も権利を主張しないような死体を幾度も彼に送っていた。バスは知らなかったが、それはおもに浮浪者で、中には退役軍人もいた。あるテレビ局が、バスの仕事は死亡した軍人に対する侮辱であると報道すると、議員の幾人かは法案を提出し、身元不明の死体を研究に使用することを禁止しようとした。もっとも、最終的に法案は否決された。遺体に対する憂慮より、犯罪者逮捕の必要性が優先するとの意見が通ったのだった。

　バスは二〇〇九年現在八〇歳を超えた。死体農場で三〇〇〇以上の死体の腐敗を見てきた。自らの肉体はいつの日か死体農場に置かれることになるのか？「自分が説くことを、自ら実行するか？　自分の人生をその論理的帰結に導くのか？」ビルは回顧録『実録死体農場』で自らにそう問いかける。

以前ならためらうことなくイエスと答えたろう。しかし、彼の今の妻はどちらかと言えば、伝統的な、少なくとも彼女の考えからすれば尊厳のある墓を希望している。バスは、その決定を妻と息子に任せることにした。もし自らの肉体が死体農場に行き着かなかったとしても、不幸ではない。「科学者としての自分は死体を提供したい。しかし、別の自分は、自分がいかにハエを憎んでいるかを忘れることができない」。

1994年 くすぐるⅢ——くすぐりロボット

二〇世紀のくすぐり研究が大きな進歩を遂げなかったとしても、それは独創性に欠けていたわけではない。自分の子供をくすぐる前にいつも仮面で顔を隠した学者や（57ページ参照）、木箱と編み棒から手動のくすぐり装置を作った学者（135ページ参照）がくすぐり研究を行っていた。そして、カリフォルニア大学サンディエゴ校のクリスティン・ハリスが一九九〇年代初めに行った研究でも、奇異なくすぐり実験の伝統は継承された。その実験のタイトルは「機械はくすぐることができるか」だった。

これがあまりにも奇異で取るに足らない問題のように思えたとしても、ハリスには研究する相応の理由があった。それは、これまでの研究がくすぐることの本質的な問題の解明にほとんど貢献していなかったからだ。そしてこのような状況ではいつも憶測だけがはびこっていた。その憶測の一つに、くすぐることに社会的機能がある、というものだ。社会的機能がどのようなものか、正確にはわからないが、他人にくすぐられたときだけ笑う、という仮説と密接に結び付いていた。くすぐることは人間相互間の事柄であるという見解は広く普及していた。ハリスと同僚、ニコラス・クリステンフェルドが学生に実施したアンケートで、回答者の半数は、くすぐりロボットが人を少しでも笑わせることができるとは信じていなかった。そして一五％だけが、くすぐることに関して機械が人にひけを取らないだろう、という意見だった。

疑いはなかった。ハリスには早急にくすぐりロボットが必要になった。彼女は各種カウンター、調整ノブ、そして小さいライトを調達して、印象的な装置を組立てた。この装置はホースとつながっていて、その先に近くの玩具店で購入したロボットアームが接続されていた。この装置から聞こえる壮大な物音はケースの中に隠した吸入器から発せられていた。喘息患者が使用するときとまるで同じだった。

その装置が本物らしく見えることが大切だった、とハリスは科学雑誌『ディスカバー』で語った。装置はできるだけ人間に似ないようにつくった。それは、被験者に社会的な状況を思い浮かべさせないためである。くすぐりロボットがまったく機能しなかったのは装置の欠陥ではなく、計画されていたことだ。

ハリスは、別の人間がくすぐったときと機械がくすぐったときに被験者の笑い方がどのように違うのか、比較したかったのだった。機械がくすぐったときに笑わなければ、くすぐりに社会的機能が存在することが示唆され、それに反して機械がくすぐったときと人がくすぐったときと同じように笑ったら、この社会的機能はおそらく存在しないということになる。

問題はもちろん、ハリスのロボットが人間とまったく同じくすぐる能力をもたなければならないことだ。なぜなら、解明すべきは、異なるくすぐり方が異なる反応を呼び起こすのかではなく、まったく同一のくすぐりが人間によるものかまたは機械によるものかによって反応が異なるか、だからだ。

この問題をハリスはメグ・ノートマンの助力を得て解決した。大学の心理学専攻の他の女子学生と同様に、ノートマンも研究実習を履修しなければならなかった。ハリスと連絡を取ったとき、彼女自身、

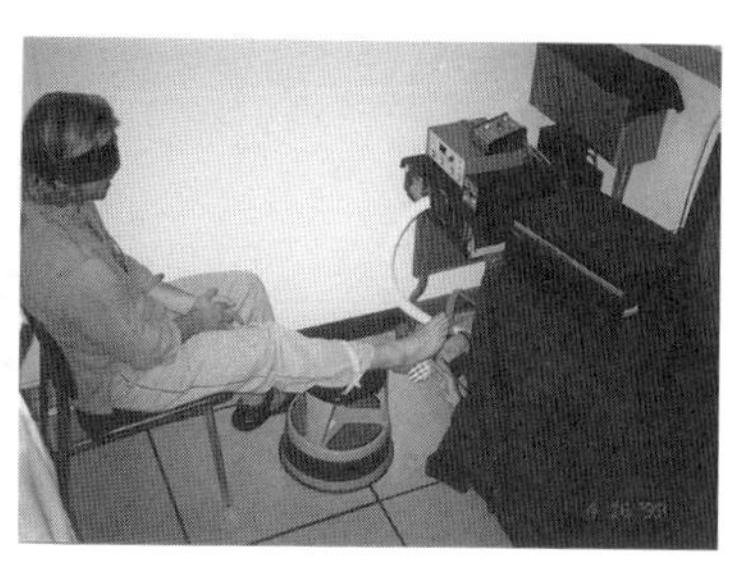

被験者は，くすぐりロボット（右）が機能していると単純に信じていた．実際には女子学生，机の下に隠れていたメグ・ノートマン（左）にくすぐられていたのだ．

自分が何をするのかわかっていたのか、不明である。とにかく、彼女の課題は並外れていたとしかいいようがなかった。彼女が課せられた内容は、くすぐりロボットと共に机の下に隠れて、ロボットの代わりに被験者の足をくすぐることだった。

被験者がくすぐりロボットが置かれた部屋へ足を踏み入れると、被験者が実験で二回、くすぐられることをハリスは説明した。一回はハリスが、二回目は機械がくすぐる、と。さらに彼女は被験者に、右の靴と靴下を脱ぎ、腰かけて、そしてスツールへ素足を置くよう指示した。被験者に耳栓を渡し、目隠しするのは気を逸らさないためだ、と彼女が説明した。実際には仕掛けがばれないことが大切だった。

それからハリスは前へ身を乗り出して、被験者の足裏をくすぐり、次にロボットを始動させてくすぐらせた。少なくとも被験者はこのように実験が行われたと信じていたはずである。実際には二回とも、身を隠していたノートマンが手を伸ばして被験者をくすぐっていたのだ。この方法でハリスは、人間でも機械でも、二回ともくすぐる刺激が同じであることを確実なものにした。被験者が実際に機械にくすぐられることはなかった。これは全員がくすぐる作業はロボットが行っていたと信じている限りは、実験にとって二義的なことだった。ただ、一人の被験者だけはこのイカサマに気付いてしまった。それに気付いたのはノートマンのヘアピンがテーブルクロスに絡まりそれを外そうとしたためだった。この大胆不敵な実験助手に敬意を表して、ハリスはくすぐりロボットに「メカニカル・メグ」と名前を付けた。

被験者の表情のビデオ撮影とその自己評価をみると、笑いの強度は常に変わらず、人間がくすぐっても「機械」がくすぐっても関係ないことがわかった。ハリスは彼女の疑問に対する答えをついに見つけたのだった。そうだ。機械はくすぐることができるのだ。

ハリスは、くすぐられたときに笑うことはそもそも社会的なことと何の関係もなく、膝の反射などと同じように、単なる反射作用だ、と推測している。われわれにこのような反射がある理由は、引続き確かに独創的な実験により解明する必要がある。

1994年 法廷での物理学

新しいスポーツ競技か？ 芸術家のパフォーマンスか？ あるいは、新人建築作業員の加入儀式か？

一九九四年一一月一九日、ニューヨーク市から少し離れたところにある、レンガ造りの三階建て建物の屋上から、一九人の男が石を詰めたバケツを建物の前にある駐車場に投げた。屋上では心理学教授のマイケル・マクロスキーが男たちに指示を出している。一人ずつ屋根の端から下を見て、塀の手前五・五メートルの地点に付けられた的に狙いを付ける。重さ一〇キログラムのバケツを掴み、助走する。そして、目標を見ずに投げる。一九九三年秋にペドロ・ホセ・ギルがしたのとまったく同じように。これによりギルは刑務所送りになったのだった。

駐車場内では的から十分離れて弁護士ピーター・ニューフェルドが立ち、投擲（とうてき）のたびにバケツの落下地点を記録する。一六人の男は的よりも遠方に投げた。平均すると二・五メートル。しかも、そのうち一〇人は短すぎたと信じていた。この実験結果はニューフェルドを勇気付けた。これで、依頼人ギルを、長年に及ぶ懲役刑から救えるかもしれない。

一九九三年秋、マンハッタン地区に住むギルは非常に愚かなことをしでかした。家の近くの車両の通行が制限された通りで、友人数人が警察ともめごとを起こして拘束されるのを見た。それで、屋上に上り、石をいっぱいにつめたバケツを通りに向かって投げたのだった。とても怒っており、人をびっくりさせたかった、と彼は後日述べている。彼の証言によれば、バケツを誰もいない歩道に投げつけるつもりだったが、実際には、ちょうど道路に立っていた警察官ジョン・ウィリアムソンの頭部に命中。ウィリアムソンは直後に死亡し、ギルは逮捕された。殺人罪で起訴され、場合によっては数十年間の刑務所送りとなる。彼の弁護士ニューフェルドは、ギルが警官を狙ったわけではないと証明するため、マクロスキーに助力を頼んだのだった。

マクロスキーは、一九七八年にジョンズ・ホプキンズ大学の教授になったとき、独自の研究領域を探した。「何か新しいことをしたかった」と、彼は当時を振返る。しばらくして、米国国立科学財団と国立教育研究所が彼を招喚し、「科学と数学における知識の構造」というテーマのプロジェクト案を提出するよう求めた。マクロスキーは、物理学の理解の度合いが異なる人々が、それぞれ運動をどのように説明するかの研究を提案した。その際想定したのは、たとえば、フィギュアスケートの選手が、スピンの際に腕を体に引寄せると早く回転する現象である。プロジェクトは承認された。しかし、マクロスキーが聞き取りを始めると、フィギュアスケート選手の力学は、多くの学生の理解をはるかに超えることがはっきりした。きわめて基本的なボールの運動でさえ、多くの学生が間違って解釈することも、対話を通じてわかった。

マクロスキーが被験者にスケッチを示す。そこには、人がボールを投げる様子、ボールがテーブルの端から転がり落ちる様子、あるいは、飛行機が爆弾を落とす様子が描かれている。そして、いくつかの軌道を示し正しいものを選択させる。さらに、学生に自らボールを投げさせ、落ちる地点を当てさせる。

非常に簡単な問題に対しても、多くの誤った答えが返ってきた。たとえばあるテストでは、被験者二〇人にゴルフボールを持って実験室を歩かせ、床のマークした場所に当たるように落とさせた。すると、一二人は手がマークの真上に来たときにゴルフボールを落とした。ボールが垂直に落ちると固く信じていたのだ。マクロスキーはこれを、「直線落下信仰」と名付けた。被験者がスケッチを見てボールの軌道を決める場合でも、多くは直線を選択した。さらに、ボールが自分の進行方向と反対の方向へ動くと答えた者さえいた（問題1の答え：A）。

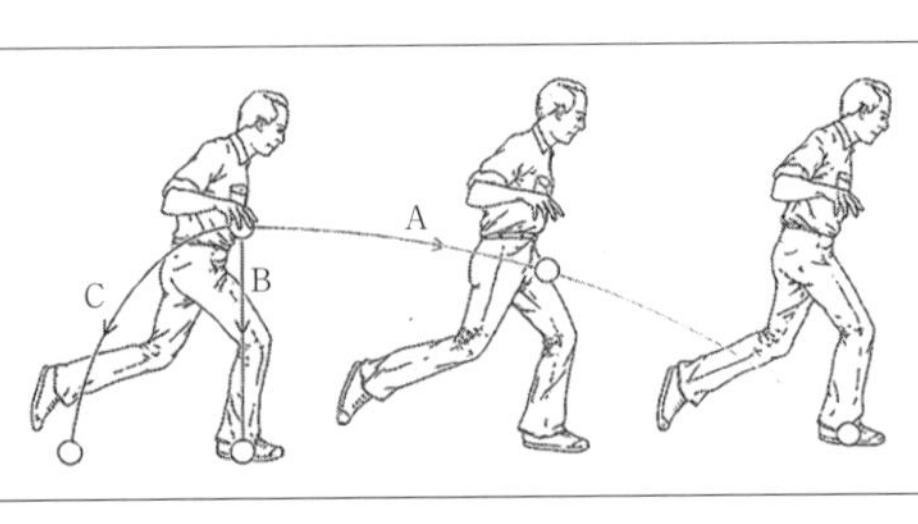

【問題1】図中の人物は左から右に向かって走っている．左側の状態でボールを落とすと，ボールの軌道はA，B，Cのどれか？（答えは本文を参照）

これほどの無知に対して、マクロスキーは驚愕したわけではない。いや、むしろ系統的な誤回答に魅了されたのだった。彼は「自らも少年の頃は「直線落下信仰」にとらわれていた。学校に通っていた頃に、第二次世界大戦の歴史を読んだときのことを憶えている。そこでは、爆撃機から爆弾を落とすタイミングの難しさが記述されていた。私にはなぜそれがそれほど難しいのか理解できなかった。飛行機が目標のちょうど真上に来たときに、爆弾を落とせばよいだけの話だと思ったのだ」と思い起こした。

しかし、ニュートンの運動法則によれば、人が歩きながら落とすボールは、進行方向に膨らんだカーブを描いて床に落ちる。歩行者がボールを持っている限り、ボールは歩行者と同じ速度で動く。人がボールを離すと、ボールはその同じ速度で人の進行方向へ動く。ただ、この場合は重力がボールを床方向に引くことになる。

この二つの要素が共に作用して、ボールは常に勾配が急になるカーブを描く。「放物線」とよばれる曲線だ。バス停に急ぐ人のポケットから落ちた鍵は、必ず放物線を描く。ではなぜそれほど多くの人が垂直に落ちると考えるのだろう？　一つの理由は錯覚である。歩きながら鍵を落とすと、鍵は歩行者の前にも後ろにも落ちず、すぐそばに落ちる。歩行者の体を基準にすれば、垂直に落ちたわけだ。ただ、人はその間も前に動いていたのだ。同様の基準系の変換は、別の人間が歩きながら鍵を落とす様子を観察する場合にも起こる。観察者は静止した地面ではなく、歩行者を基準に鍵の動きを認識する。そうすると鍵は垂直に落ちるように見える。別の問題でも結果は同様に間違っていた。マクロスキーは、ロープに繋がれ頭上を回転するボールが放たれたときの軌道（旧約聖書のダビデの投石器のようなもの）について質問した（問題2）。学生の三分の一は軌道を曲線として描いた。外から力が働かないときは、物体が直線を描いて動くということを知らないのだろう。

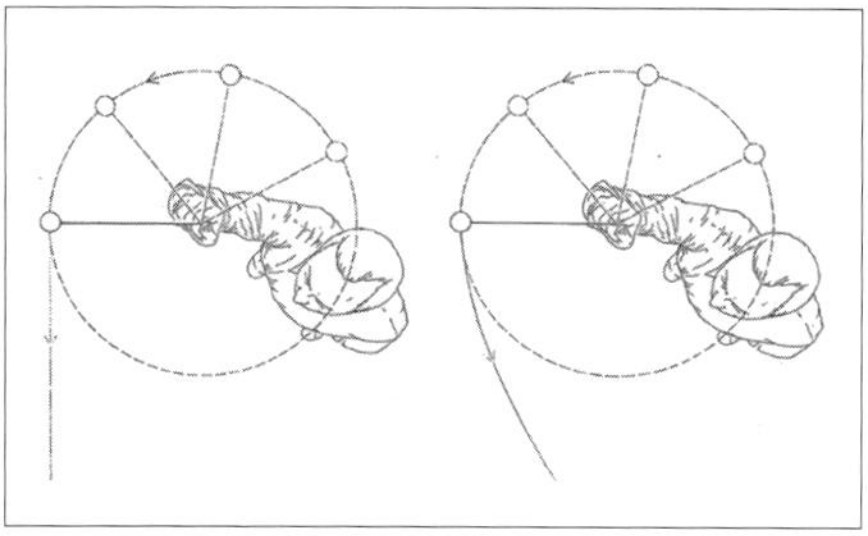

【問題2】図中の人物は頭上でひもに繋いだボールを振回している．ひもが切れたと仮定すると，ボールの軌道は直線かあるいは曲線か？（答えは本文を参照）

もしあなたも同様に間違えたとしたら、あなたはよい仲間をもっ

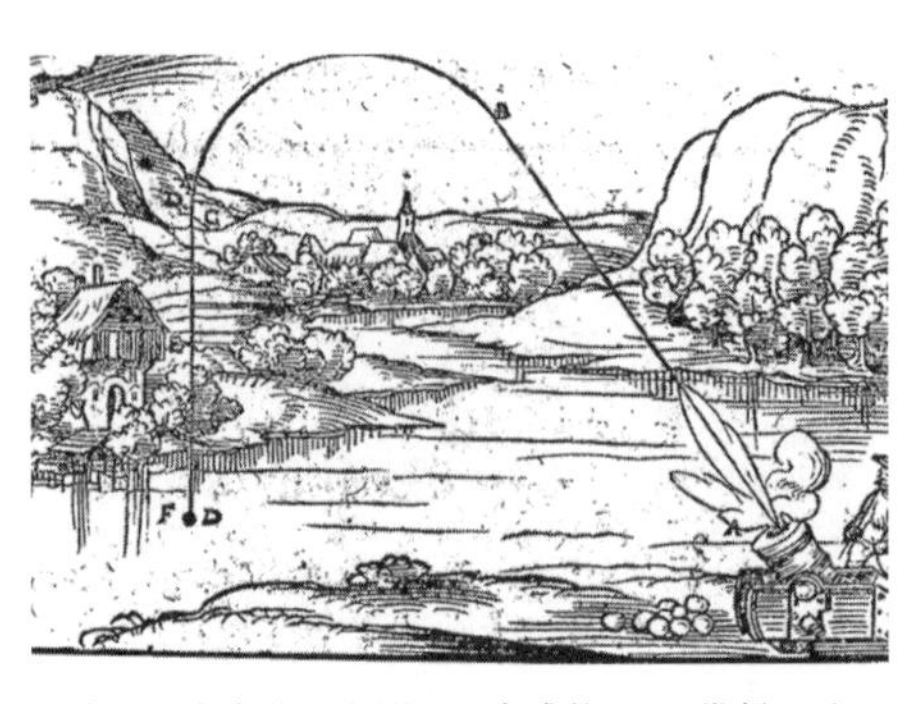

今日でも多くの人間が，直感的に14世紀のインペトゥス理論で運動を説明する．物体は，内在する動きのエネルギーを消費しきると停止する．それで図の大砲の弾も突然垂直に落下する．

たことになる。しかし、あなたの物理学の知識は四〇〇〇年前のものといえる。マクロスキーは、これらの間違いは、アイザック・ニュートンが一七世紀に運動方程式を提唱する以前の運動の理論と、一致することに思い当たった。それはインペトゥス理論とよばれるもので、すべての運動はある力により保持されなければならない。インペトゥスはボールの中に存在してその運動を維持し、ゆっくりと消費される。投石器の実験の際の曲がった軌道も、次のように説明できる。ボールは内部に回転運動を保存し、それが曲がった軌道の原因となるのだ。ニューフェルド弁護士の予想は正しかったわけだ。マクロスキーの知見は、石で満たされたバケツを六階建ての建物の屋上から投げる場合にも適用できる。大部分の人間は直感的にインペトゥス理論を適用するので、投擲によりバケツに与えられた力はいつかなくなり、その瞬間からバケツは前に進まず垂直に落ちると考える。この結果、バケツの到達距離を常に少なく見積り、実際には目標を越えて投げてしまう。

つまり、ギル被告の場合には次のようにいえる。もし彼が本当に警官を狙っていたのなら、警官より遠くに投げて当たらなかったろう。あるいは、逆のいい方をすれば、バケツが警官の頭部に落ちたことは、ギルが歩道に投げつけるつもりだったことの証拠である。

理由はわからないが、担当した裁判官は、マクロスキーの報告を重要ではないとして採用しなかった。

しかし、陪審員はギルを信用し、殺人ではなく過失致死と判断した。

今日、マクロスキーの知見は教育学関係の文献に数多く登場する。ニュートンの運動法則を知っている被験者でも、多くが答えを誤ることが確認されている。彼らは学校で法則を学んだが、本当には理解しなかったのだろう。それは、彼らが運動に関する間違った直感的知識にとらわれ、それを引続き用いているからだろう。そこから教育学者は、新しい知識を伝えるには、まず既存の誤った認識を破棄させる必要がある、との結論を導き出した。

1995年 まずテレビ、それから朝食

セス・ロバーツが行った実験は、誰もがいつでもできる。必要なものは、時計一個、高机一個、そして自分自身である。あるいは、体重計一台、オリーブオイル少々、そして自分自身。あるいは、テレビ一台、トークショーの録画数本、そして自分自身。そのほかには統計ソフトとかなり多くの忍耐である。ロバーツは、カリフォルニア大学バークレー校の心理学の教授だ。もっとも、彼の情熱は、日常生活で偶然観察したことを基にした自己実験に向けられている。寿司ダイエットが自らの体重に及ぼす影響を測定したり、ストップウォッチで一日に立っている時間を計り、自らの睡眠に対する影響を計算したりする。

これは簡単な研究だと思える。ロバーツ自身も自分で簡単に行えることだけに興味がある、と言っている。もっとも、違う角度から見ることもできる。たとえばロバーツは、自身の奇妙なダイエット理論を検証するために、何週間もパスタだけを食べたし、四カ月間にわたり毎日五リットルの水を飲んだこ

ともあった。「この水の実験を長く続けるのは大変だった」と、白状するが、他の実験に関しては何ら特別なことはないと考えている。

この種の実験を始めたのは学生の頃だった。たとえば、片目をつぶってボール三個でどれだけ長くジャグリングできるかを測ったり、医者が処方したニキビ薬を系統的にテストしたりした。このときは錠剤より塗り薬の方が格段に効果があった。

一九八〇年代の初頭、ロバーツは睡眠障害に陥った。朝早く目が覚め、一度目が覚めると疲れていても眠れないのだった。自己実験の格好のチャンスである。しかし、ことは簡単ではなかった。スポーツ、食習慣や目覚めの際の照明の変更など、一〇年以上にわたって試してみたが、成功しなかった。そんなとき一つのアイディアが浮かぶ、やってみる価値はありそうだ。

一九九三年のことだった。すでにコンピューターを所有しており、睡眠時間のグラフをつくったところ、偶然わかったことがあった。自身では気づかなかったが、数カ月前に睡眠時間が四〇分短くなっていた。それは、ちょうど食習慣を変更して五キロ痩せた頃だった。果物、野菜を多く摂取し、パスタ類やクッキーの摂取を控えていた。

朝食をオートミールからバナナ一本とリンゴ一個に変え、果物の摂取をさらに増やしたところ、睡眠時間には影響がなかった。しかし、早朝に目が覚めて不快な思いをすることが多くなった。朝食をヨーグルト、小エビ、あるいは、ホットドッグに変えてみたが、問題は解決しなかった。

それで、今度は一一二日間まったく朝食を取らなかった。すると驚いたことに、朝早く目覚めることが少なくなった。これが答えなのか？ それ以来ロバーツは一〇時前に朝食を取らなくなった。

この答えにだけ感動したわけではない。それがまるで無から湧いてきたように発見されたことも素晴らしいと思ったのだ。朝食が目覚めの時間に影響するなど、考えたこともなかった。それにもかかわらずこの答えに行き着いたのには理由がある。それは、彼の実験が自己実験だったからだ。実験者と被験者が同一人物の場合には、通常の実験では無視されるような、想定外の影響にも気付くことがある。ロバーツは、目覚めに対する朝食の影響と、人間の過去の進化との関連性の存在を疑った。「石器時代の先祖が朝食を取ったとは考えにくい。農耕開始以前は、貯蔵品はほとんどなかったろう。われわれの脳は、朝食の存在しない世界で形成されたのだ」。

この大胆な理由付けは彼の次の実験のきっかけとなった。朝食を抜くことでは、朝早く目覚めるという彼の悩みを完全には解消できなかった。それでロバーツは、自身の生活を石器時代人の習慣にさらに近づけることにした。それも、テレビを使って。

「平均的な石器時代の朝は他人の顔を見ることから始まる。しかし、私は一人暮らしで、午前中誰にも会わずに仕事をしていることも多い。ひょっとしたら、他人とのコンタクト不足が、早朝に目覚めることの原因かもしれない」と、彼はある論文に書いている。

一九九五年のある朝、ロバーツは四時五〇分に目覚め、二〇分間レイト・ナイト・ショーの録画を見た。その日は何ら直接的な影響はなかった。しかし、次の日、朝五時一分に目覚めると、快調で非常に気分もよく活気に満ちていた。レイト・ナイト・ショーと朝の快適さには関係があるのか？ さすがのロバーツでもこれを信じることは難しかった。しかし、「自己実験はとても簡単で、奇妙なアイディア、あるいは、多分間違っているであろうアイディアもテストすることができる。」

朝食代わりのテレビ鑑賞を適切に行えば、早朝の目覚めから解放されるかもしれない、とロバーツは期待していた。しかし、開始時間や長さ、それに番組の内容を変更して、無数に試したが、何ら効果がなかった。最終的には諦め、今度は、テレビの視聴による気分の変化の調査に取掛かった。

一九九五年七月、彼はチェック表をつくり、毎日何度か自らの気分をチェックした。その際引続き毎朝テレビを見た。その結果、バラエティ番組はドキュメンタリー番組より気分を高揚させた。ユーモアがカギだったのか？ しかし、その反例として、アニメシリーズ「ザ・シンプソンズ」は効果がなかった。

さらに実験を続けて決定的な要因を特定した。それは、顔だった！ テレビ番組の「テレビ画面における顔の占める比率」が大きければ大きいほど翌朝の気分がよい。この仮説を検証するため、一定期間テレビの上三分の二を覆った。すると気分のよさは消えたのだった。

ロバーツの予想では、この効果の背後には、顔に反応するための一種の体内時計が存在する。それにより、ある一定の時刻には顔を見るという行動がポジティブに働き、別の時刻にはネガティブに働くのだろう。

これまでの彼の実験で最も儲かったのは、ある減量方法を発見した実験だった。ロバーツの主張では、食間に可能な限り風味のないオリーブオイル（あるいは砂糖水）を数さじ摂取すると、空腹感が押さえられ、彼は何ら問題なく一六キログラム痩せることができた。それを記した本が、ベストセラーとなった『シャングリラ・ダイエット』である。

このダイエットの基礎になる理論はロバーツが自ら構築したもので、今日に至るまで証明されていない。体には脂肪の割合に関して一定の基準値がある。これは空腹感を制御し、食料の供給状態に依存する。われわれの先祖にとっては、収穫の多い年には脂肪を蓄え、少ない年には空腹感を押さえることに意味があった。ただ問題がある。つまり、カロリー供給が多いか少ないかを体はいかに認識するのだろう。原始時代のジャンボステーキにはカロリー表などもちろん付いてはいないのだから。

ロバーツの考えでは、人間の組織は一定の味と一定の栄養価を結びつけることを学ぶ。カロリーを多く含む食品が風味豊かであればあるほど、両者は容易に結びつき、基準値を素早く押し上げる。味の濃いハンバーガーとフライドポテトで溢れた現代社会では、こうして常に空腹感が生まれることになる。オリーブオイルは基準値を上げることなく体にカロリーを供給する。風味が乏しいので、脳は「オリーブオイル、イコール、カロリー」の結び付きをつくり出すことができないのだ。

ロバーツは同僚の大部分から無視されている。それは、研究者の多くが自己実験が次の二つの理由で信頼できないと考えているからだ。一つはロバーツ自身が被験者であるため、意識的にあるいは無意識のうちに実験結果に影響を及ぼす可能性があること。そして、もう一つはただ一人の被験者しかいないため、結果が他の人間に有効か確実ではないことだ。

セス・ロバーツは統計分析により解明した．朝1時間鏡で自分を見つめると，その日1日上機嫌でいられる．

ロバーツももちろんこの短所を知っているが、自己実験の長所を指摘する。それはつまり、安上がりで準備も少なく済むこと。そして、実験において本質的ではないと思われる変化も発見することができることだ。彼は睡眠を改善しようと思って早朝にテレビを見たが、結果として自分の気分をよくした。

ロバーツはこの効果をさらに調査し、テレビの他人の顔でなくてもよいことを発見した。今日、彼は毎朝六時と七時の間の一時間、鏡で自分を見ている。

1996年
だらしなく座って腰痛対策？

一九九六年二月九日、ドイツのウルム市の整形外科医ピーター・ニーフは、第四および第五腰椎の間の椎間板に穴を開けさせた。背中の手術は危険で、痛みの強い患者のために最後の手段として検討されるものである。しかし、ミュンヘン市のアルファ病院で手術台に寝ているニーフの背中は正常だ。それは、手術の四週間前に特別に行われたMRI検査ではっきりしていた。

外科医がその穴を通して、脊椎間に小型の生体内圧力カテーテル測定器を挿入した。事前にニーフは、この処置の危険性について承知しているとの文書にサインしていた。

この大胆な処置により一九六〇年代の研究を検証する。当時、スウェーデンの整形外科医アルフ・ナッケムソンは、患者一九名に対して同様の手術を行った。今日われわれが知る「背中理論」は彼の圧力測定結果を基にしている。だらりと座るより、背中を伸ばして座る方がベターだとの主張は、座った状態と立った状態での椎間板にかかる負担の大きさが異なることから、間接的に説明される。彼の測定結果によれば、座った状態では立った状態に比較してほぼ一・五倍の圧力がかかる。それで、座っていても立っているかのように背中を伸ばした方が腰にはよいとされる。いわゆる「秘書座り」の誕生である。

しかし、ナッケムソンの測定結果に対しては、それまで多くの生体力学者が疑念を表明していた。

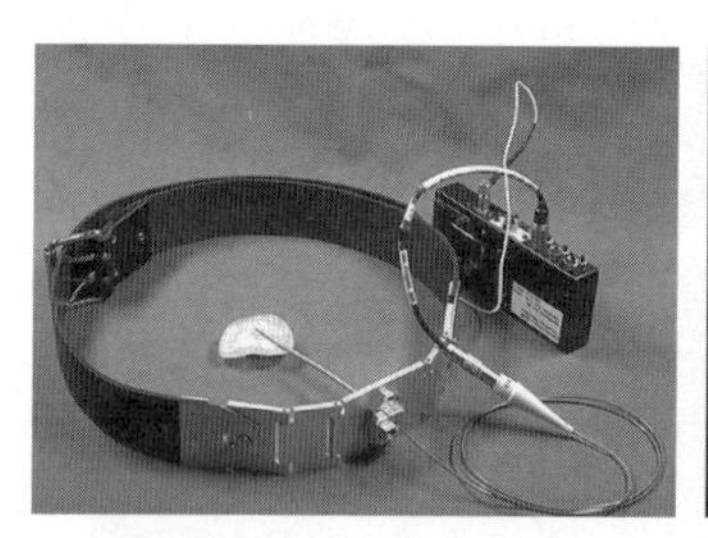

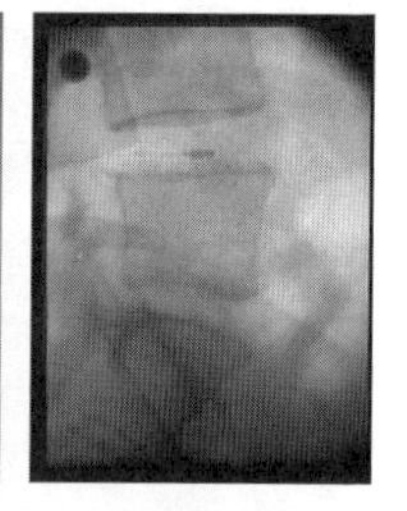

危険な実験．整形外科医ピーター・ニーフは脊椎の間に生体内圧力カテーテル測定器を挿入させた．

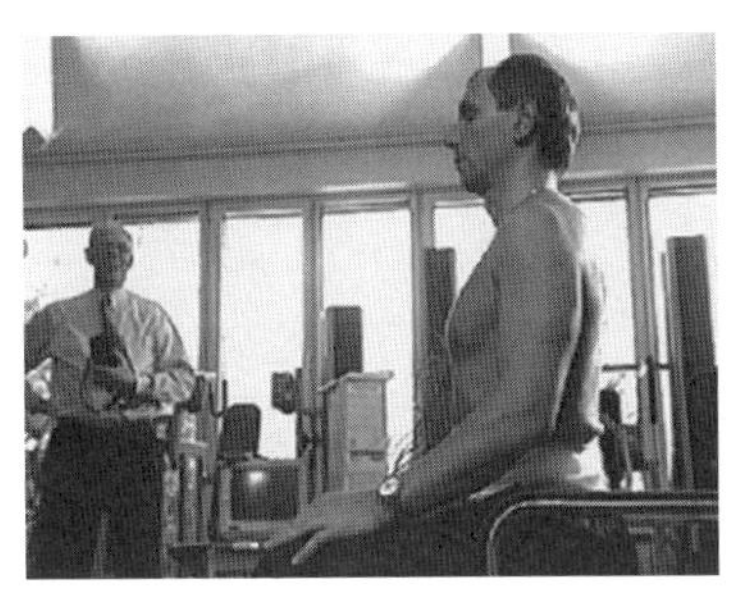
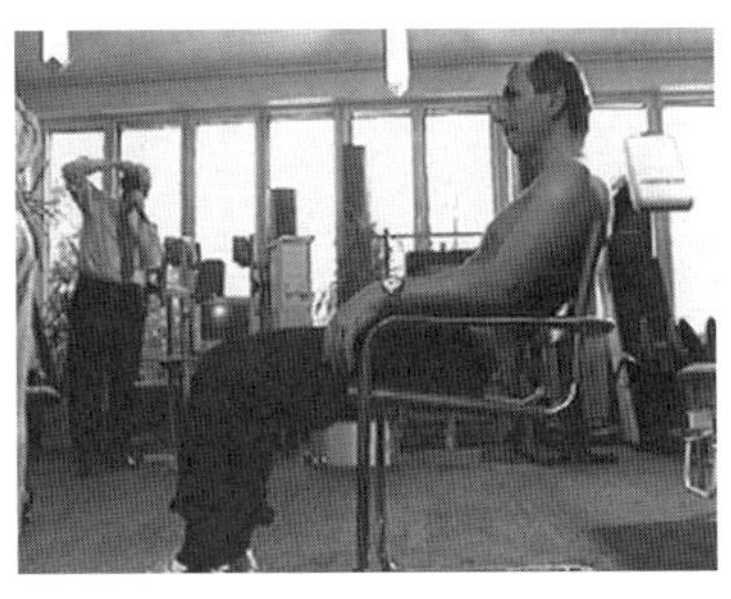

だらりとあるいは背中を伸ばして座る？ ニーフの背中で計測した結果，背中を伸ばして座る（左）と，背もたれに寄りかかって座る（右）場合に比べて，負荷が２倍になった.

立った状態と座った状態での圧力差を、納得できるように説明できないのだ。さらに、別の研究によれば、座ると背骨は伸びる。これは背骨の負担が少なくなることを示している。

ウルム大学の生体力学者ハンス-ヨアヒム・ヴィルケも何かおかしいと考えていた。背中部分のインプラントを設計するために、彼には正確なデータが必要だった。ニーフも負荷の測定に興味があった。

ニーフは、腰痛に苦しむ多くの患者に背中の筋肉を鍛えることを勧めていた。それで、彼のトレーニング装置による負担の大きさが知りたかった。ニーフとヴィルケは古いデータの矛盾について何度も議論していた。そうして最終的に測定を再度行うことを決めたのだった。

計画では被験者が二人参加するはずだった。しかし、予定した被験者であるバーセル市の医師マルコ・カイミの場合には、まだ手術台にいたときに生体内圧力カテーテル測定器が椎間板から滑り落ちてしまった。ニーフの場合にも同じことが起こる可能性があったので、ヴィルケは測定機器に修正を加えた。ニーフは手術後、最も負担の軽い練習から始めた。つまり、横になる、座る、立つ、笑う、くしゃみをするである。その後、屈む、縄跳び、ジョ

ビール箱を持ち上げる場合には，背中理論は正しかった．背中を伸ばして膝を曲げると，負荷が最も小さい．

ギング、ビール一箱を持ち上げるなどが続く。トレーニング機器を使用した場合や、睡眠中の負荷も計測した。翌朝には二種類のヘリコプターの搭乗、自転車走行、エアハンマーの側に立つ、が計画されていた。しかし、ニーフがヘリコプターに乗込んだときに測定器が滑り落ち、実験は終了した。

計測結果は次の通りだった。椎間板にかかる圧力は、予想通り仰向けに寝ている姿勢で最小。リラックスして立っている姿勢での圧力はその五倍で、座った姿勢でもほぼ同じだった。これは、過去の計測結果とは異なっている。素人にとって最も驚くべき結果は、ニーフがいすに座った状態でゆっくりとずり下がったときに計測された。圧力は減少し続け、座った姿勢と寝た姿勢の中間の時に最小となった。通常ならティーンエイジャーかラップ歌手しかとらないような姿勢だ。その理由としては、負荷の一部が背もたれを通じて逃げることがあげられる。

圧力値だけからある姿勢の悪影響を決定することはできない、とヴィルケは話す。しかし、「背中理論」については再考が必要である。手術後にどのような姿勢を取るかは、患者に任せるべきだろう。「人は自分にとって正しい姿勢を自ら見つけるものだ」と、ニーフは言う。重要なのは正しい姿勢ではなく、座る位置を変えることである。それにより硬直が避けられ、負担の変化により椎間板に栄養が供給される。

1998年 ワイン通を煙に巻く

人生には、ワインのことなどまったく知らない方がよい瞬間がある。たとえば、フレデリック・ブロシェの実験に巻込まれるようなときだ。ブロシェはボルドー大学のワイン学の教授で、狡猾なトリックを使ったテストで学生を定期的にひっかけている。

その悪名高い実験のため、一九九八年には学生五四人に白ワインと赤ワインを試飲させた。学生は大学の大講堂に付属する隔離された小部屋に座り、メモを取る。赤ワインについては「暗い」、「深い」、「木質」など、また、白ワインについては「フルーティー」、「辛口」、「芳香のある」などの特徴をあげた。ブロシェは、学生に対して事前に、新しく試飲法をつくるため彼らのメモが必要だ、と言ってあった。同じ口実のもと、数時間後再度赤ワインと白ワインを試飲させた。もっとも、学生に秘密にされていたことがある。それは、今度は両方とも同じワインだったのだ。ブロシェは最初の試飲のときに使った白ワインを食用色素アントシアニンを使って着色して、偽赤ワインをつくったのだった。

学生のメモから誰一人としてトリックに気づかなかったことがはっきりした。全員が、着色赤ワインを伝統的な赤ワインの形容詞を使って特徴付けていた。一方、白ワインに関するメモの内容は、最初のテストの際のメモとほぼ同じであった。つまり、学生は基本的には学習内容を理解し、ワインの特徴を表す伝統的な用語などは身に付けていたといえる。ではなぜ彼らはこのように初歩的なトリックにひっかかるのか？

ブロシェの考えでは、赤ワインを試飲するという期待が、味覚に赤ワインの準備をさせる。基本的にこれは意味のある戦略で、多分進化の過程で形成されたのだろう。効率的に働くため、脳は作業コストを減少させるようなすべての情報を考慮する。このテストの場合は、その情報の一つが、グラス内には赤ワインが入っているということで、それにより脳は赤ワインに関する知識に集中する。したがってこの場合には赤ワインに関してあまり知らない方が有利だ。赤ワインが「暗い」、「深い」、「木質」などの特徴があると知らなければ、最初からそのような特徴があると思い込まずに試飲することができる。

ブロシェが実験の真の目的を学生に説明すると、学生は興味をもち、理解を示す。しかし、第二の同種の実験では学生の反応はまったく異なり、怒った。ブロシェは一週間の間を開けて、学生五七人に同一のボルドーワインを試飲させる。一度は、そのワインはテーブルワインだと言い、一度は高級ワインだと説明した。この実験でも、学生はブロシェの説明に大きく影響を受けてワインを評価した。高級ワインだと信じている場合には、非常に好意的に反応し、別の場合には批判的だった。

「トリックを説明すると、学生は激しく反応した」と、ブロシェが思い返す。幾人かは立ち上がり、主張した。「なんだっていうんです？　そんなことは許されない！　あなたはペテン師だ」。

赤ワインと白ワインを区別できないことは、偽ラベルのトリックにひっかかるほど悪いことではないのだろう。

もっとも、ブロシェの目的は学生に恥をかかせることではない。彼自身も違いがわからなかっただろうし、偉大な鑑定家の神話など彼は信じていない。そうではなく、知覚が脳内で統一体を形成することを説明したいのだ。ワイン、飲まれる場所、そして、その場にいる人間などについてのすべての情報が絡み合い、互いに影響を及ぼし合っている。それはごく普通のことで、誰もそれから逃れることはできない。黒の容器を使った目隠し試飲だけが先入観を排除できる。

「だから人工色素の入らないシロップは存在しないのだ」と、ブロシェが説明する。消費者はその味を物足りないと評価する」この点に関して、消費者はある意味正しい。味覚と無関係な情報の及ぼす影響は、表面的どころではないのだ。

それは、被験者が同一の匂いをかいだ場合も同様で、それがチェダーチーズの匂い、または、体臭と言われた場合では、脳の活性化する領域が異なることが脳スキャンにより示された。同様のことがワインの価格にも当てはまる。高価なワインを飲んでいると信じている場合には、その同じワインが安いと思っているときよりも、脳内の味わうことを担当する領域がより活性化するのだ。

駆け出しワイン愛好家にとってこれはよいニュースだ。高いワインにはいずれにしても購入する価値がある、たとえそれが悪いワインだったとしても。

1999年 無能、その代わり自信満々

まったくの音痴なのにのど自慢大会に出演する人、あるいは、面白くも何ともないジョークをとばす人。そんな人間を不思議に思ったことはないだろうか？

自身の能力に関するゆがんだ認識を研究した結果、『無能そして無自覚。自己評価の難しさが、いかに自身の過大評価につながるか』という論文が生まれた。

研究者は学生に、ユーモア、文法、論理学などのテーマについての質問に答えさせた。さらに学生は、テスト後に自身のでき具合を他の学生と比較してどの程度だと思うかを答える。

その結果はあきれるほどひどいものでテストの結果が悪ければ悪いほど、自身をより過大評価する。できの悪い方から四分の一の学生は、どのテストでも、自分が平均を大幅に上回っていると信じていた。

彼らに最もよくできた学生の解答を採点前の状態で示した後でも、彼らの過大評価は変わらなかった。

論文の著者によれば、この問題を解決することはほぼ不可能だ。なぜなら、テストの際に欠けていた能力は、自身を正しく評価する能力と同じだからだ。愚か者に同情する必要はない。彼らは気の毒な間違いを起こすかもしれないが、無能さゆえにそれに気付かないのだから。

1999年 ホームアドバンテージの謎

英国、ウルヴァーパンプトン大学の科学者アラン・ネビルが書いた一三〇以上の専門的著作のうち、一九九九年に専門誌『ランセット』に送った短い文書ほど話題になったものはない。その後、彼は自分の名前を『ワシントン・ポスト』で読んだり、BBCで聞いたりすることになった。もっとも、彼はマラリアの特効薬を発見したわけでもないし、アインシュタインの理論に対して反証をあげたわけでもない。サッカーのホームアドバンテージの謎を解いたのだ。統計学者である彼は非常に巧妙な実験により、アウェーよりホームで勝つことが多いのはなぜかを解明した。

サッカーのホームアドバンテージは、その存在を簡単に示すことはできるが、説明することは困難な事象の一つだ。チームが本拠地でよく勝利することは、簡単に立証できる。複数の大規模な研究で統計学者が確認したところによれば、四万四九三試合のうち六八・三％はホーム側が勝利していた。一試合につきほぼ〇・五ゴールはホームアドバンテージによるものである。つまり、端的に言えばホーム側は二試合に一ゴールは不当に決めていることになる。

科学者はその理由として三つの可能性をあげていた。それは、開催地までの移動、スタジアムに慣れているか否か、集まったサポーターの応援、である。移動は早い段階で排除された。チームが移動した距離はアウェーでの敗北と無関係であることが示されたのだ。隣町までしか移動しなかったチームでも、アウェーでの不利を感じる。スタジアムに慣れているか否かも、同様にホームアドバンテージの理由とはなりにくい。さもなければ、ホームスタジアムが英国で一時的にあったような人工芝のチームは、アウェーで天然芝のスタジアムではより多く負けるはずであるが、そんなことはなかった。

すると、残る可能性は観客だけだ。ネビルは複数の英国リーグの観客数を分析して、ホームアドバンテージが観客数に応じて大きくなることを発見した。ホーム側チームは、ファンの大歓声に押されて普通以上の力を出すのか？　ネビルはそれに関して懐疑的だった。審判の主観的判断がサッカーほど重要ではないゴルフやテニスなどでは、ホームアドバンテージがないからだ。彼の統計分析によれば、審判はホーム側チームの反則のうち、三〇％しか反則と判断していなかった。熱狂した数千のサポーターの影響で、公平であるべき審判が不公平な判定をしたのだろうか？

これを検証するため、ネビルは一九九九年にある実験を考え出した。後に彼の最も有名な研究となるものである。彼は一一名のサッカー選手、審判、トレーナーに五二のファウルの動画を示した。そのうち二六はアウェー側がおかしたもので、二六はホーム側である。動画は実際の審判が決定を下す直前に止められ、被験者がおのおの判定を下す。この実験で最重要な条件は、参加審判役のうち六名は音のない動画を見て、五名は音のある動画を見たことだ。結果は、ファンの歓声を聞きながら下した判断は、明確にホーム側チームに有利に働いた。微妙なケースでは審判が観客の影響を受けるのは間違いない。

ネビルによれば、ホームアドバンテージの大部分はこの効果による。サッカーでは会場のサポーターを「一二番目の男」とよぶが、〇・五ゴールを決めるのは、この一二番目の選手なのだ（スポーツに関する実験は157ページにも掲載）。

2001年 メールと親類

あなたが見ず知らずの他人にメールで願いごとをしたことがあれば、返事を受取るチャンスが小さいことを知っているだろう。それは、赤いソックスや使い古しの航空機の座席、そして割安な強精剤などの、「一度きりの」広告メールで毎日受信箱がいっぱいになり、他人の願いなどが顧みられることはないからだ。

返信を受取る可能性を高める確実な方法を、心理学者は見つけた。それは、受取人の同姓同名者として、差出人欄に同じ姓名を書き込むことだ。偶然相手と同じ名前でないなら、うそをつけばいい。その価値はある。研究者は次のようなメールを二九六一通送付した。「こんにちは、私の名前は（ここに差出人の名）です。私は学生でスポーツチームのマスコットに関する調査をしています。あなたが協力していただけるかお聞きしたいのです。お願いしたいのですが、あなたの町のスポーツチームのマスコットを調べて欲しいのです。…（中略）…時間を取っていただき、ありがとうございます。近いうちにお返事をいただけることを期待しています。よろしくお願いします。（ここに差出人の姓名）」。

差出人の姓も名も異なる場合には、受取人が返信した割合はわずか二％だった。どちらも一致した場合には、その割合は一二％に増加した。六倍である！　あまりにも厚かましいうそだと考えるのなら、姓か名のどちらかだけを受取人に合わせればよい。名が同じ場合の返答率は三・七％で、姓が同じ場合には五・八％である。

著者はその理由を次のように説明する。人間には家族を助ける生物学的機能があり、同じ姓は遠いかもしれないが血縁関係の存在を示唆している。同名だけでも効果があるのは、人間は類似点に好感を抱く一般的傾向があるからだ。

ドウェイン・バンクスがリチャード・スミスよりも同姓同名者に多く返事をするのは当然だ。それは、バンクスという珍しい姓は、スミスというありふれた姓に比べて、より確実に親戚関係を示唆するからだ。

2001年 精子の記憶力テスト

チューリッヒ大学の神経科学者ピーター・ブルガーは、長年精子のための迷路をつくるのが夢だった。ラットを迷路に入れることによりその記憶力を調べることができる、と科学者が発見したのは、一〇〇年前のことだ（『狂気の科学』、47ページを参照）。今度は彼が精子で同じことを計画した。しかし、精子迷路の大きさを計算した結果、計画を放棄せざるをえなかった。それほど小さな構造物は誰もつくれなかったから。

一九九六年、彼はスイスの日刊紙『ノイエ・チュルヒャー・ツァイトゥンク』で、人の髪の毛の写真を見つけた。髪の毛には科学者がレーザーを使って、職場の名前「レーザーラボ・ゲッティンゲン」を刻んであった。ブルガーがレーザーラボ（Laserlabor）のLの文字を詳しく見ると、それが規模的に精子迷路と同じ大きさであることがわかった。こうして、彼はゲッティンゲン市のレーザーラボに手紙を書く。後から気付いたことだが、レーザーラボでは精子の記憶力テストのための助力を頼んだ彼のこと

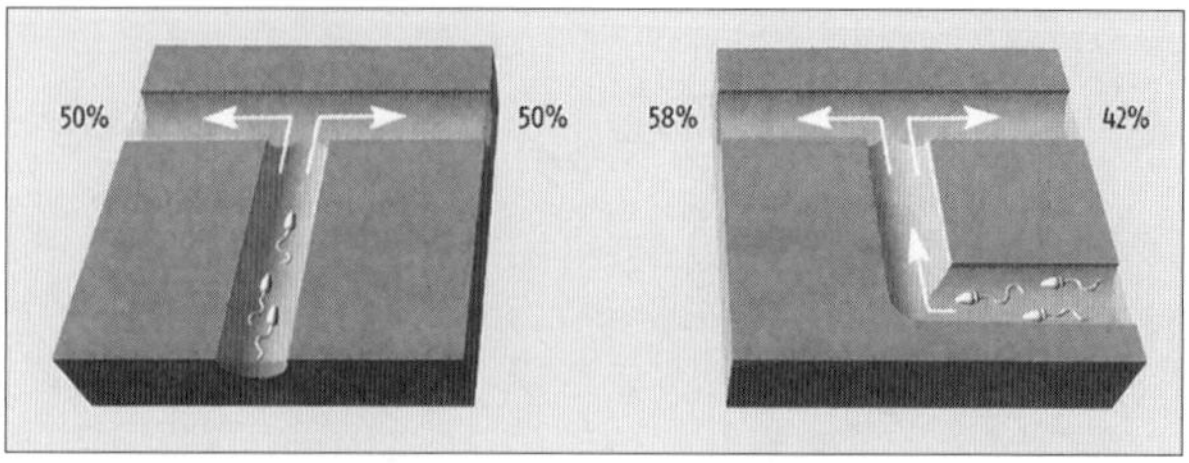

迷路内の精子．強制的に右に曲がることを強いられた後は，より多くの精子が左に曲がる．つまり，精子は右に曲がったことを憶えていたに違いない．

を、気がふれていると思ったに違いなかった。それでも、協力関係は成立した。レーザーラボはマイクロ迷路を二つ作成し、ブルガーはそれを使って実験を行うことができた。

迷路は非常に単純だったので、本来なら迷路とはよべないようなものだった。一つ目はT字形で、短い通路があり、その端で精子は右または左に曲がることができる。観察した精子七一四個のうち、三五一個（四九％）は左に曲がり、三六三個（五一％）は右に曲がった。この結果は予想の通りだ。精子が左右どちらかを優先する理由はないのだから。

本来の記憶力テストは二つ目の迷路で行われる。一つ目と同じようにT字形だ。もっとも、入口を入った後、右に直角に曲がってから、T字形の通路に入る。右に曲がってT字形通路に入った精子五八八個は、今度はT字路でより頻繁に（五九％）左に曲がった。これは、精子が直前に右に曲がったことを憶えていたとしか解釈できない。精子は神経系をもたないが、情報を何らかの方法で記憶していたのだろう。

ブルガーはこの結果にそれほど驚いたわけではなかった。それまで迷路の実験に投入された生物は、等脚類からヒトまですべてがこの行動を取った。たとえばラットが一つ目の分岐点で左に曲がると、次の分岐では右に曲がる確率が高くなり、その次はまた左、さらに右と交互に曲がり続ける確率が高い。

科学ではこの方向転換を「自発的（spontaneous）交互選択行動」とよぶ。もっとも、これは無意識的（spontaeous）なものではないので、皮肉な名称である。動物は前回の決定を思い出し、次の決定の基準とするのだから。食料探しと生息区域の調査の際にこの行動を取ることにより、生き残る可能性が増えると考えられている。

2001年 射精したらタブキーを押す

アンケート調査は、科学が生み出した最も退屈なものの一つだ。うんざりした学生が細かく印字された質問用紙の前に座り、チェックボックスにチェックを入れる。研究者は得られた回答から画期的な結論を引出す。たとえば、女性は男性よりも多く豆腐を食べるとか、六〇代の人間は八〇代の人間よりもギャングスタ・ラップ（ラップの一ジャンル）を多く聞くとかである。

もっとも、ダン・アリエリーが二〇〇一年にカリフォルニア大学バークレー校で実施した調査は特別なものだった。学生が回答を入力するコンピューターのキーボードは、アリエリーが論文『一時的な激情のなかで。性的興奮が性的意志決定に及ぼす影響』で記述したように、「学生が利き腕ではない手で使うように」置かれていた。それは、利き腕は論文のタイトルにある性的興奮を得るために使われるためだ。

アリエリーは調査のアイディアを、米国で一般的に行われていたティーンエイジャーの妊娠対策について考えているときに得た。保守層や教会関係者は薬物乱用防止対策から借用した標語「はっきりノーと言おう！」をティーンエイジャーのセックス対策に使っていた。多くの青少年が、決定的な瞬間にはっきりノーと言う決意を心に刻んだはずなのに、なぜあまり効果がないのかを、彼は不思議に思っていた。問題は、青少年は結局のところこの決意が非現実的なものだと知っているのか、あるいは、その後自分がどのように振る舞うかを本当に知らないか、である、と彼は書いている。

意志決定過程に性的興奮が影響を及ぼすという考えは、正鵠を射ているように思える。「空腹や喉の渇きなどの欲求は、それを満たす機会があるとより強く感じる。セックスがこの規則に従わないと考える理由はない」と、アリエリーは書いている。空腹や喉の渇きに関しては、とうにこの関係が科学的に証明されている。セックスについては自身の体験や他人の話からしか知られていない。アリエリーはこの状況を変えようとした。

本来はケンブリッジ市のマサチューセッツ工科大学（ＭＩＴ）に務めていたが、このとき彼は一年間客員研究員としてカリフォルニア大学バークレー校にいた。大学の掲示板に次のようなメモを貼出した。「募集。男性被験者、異性愛者、一八歳以上、意志決定と興奮に関する調査研究」。さらにその下には「実験は性的興奮を呼び起こす資料を含む可能性あり」。

反応のなさを嘆く必要はなく、しばらくすると学生を断るほどだった。女性および男性スタッフとの長い議論の末、まず男性のみを使って調査することに決定した。「セックスに関しては、女性よりも男性の方が格段に単純である」と、彼は後に著書『予想通りに不合理』に記している。「プレイボーイ誌一冊と暗くした部屋、目標達成に必要なものはほとんどそれだけだった」。

アリエリー自身は直接学生と接触することを避けた。実験後に彼の講義に出席することをとまどう学生がいるかもしれないからだ。被験者への指示は研究助手が担当した。実験を研究室で行うという考えは早い段階で捨てた。彼の微妙な問いにある程度でも正直な回答を得るためには、実験はプライベートな雰囲気の中で行われ、かつ可能な限り単純でなければならない。同じ理由から、興奮度の測定に性科学の研究で通常使うひずみゲージも使用しないことにした。これはペニスにかぶせてその直径の変化を計測するものだ。その代わり、彼の研究助手は若い男性にノートパソコンをわたし、次のように指示した。自室に戻り、ドアを施錠し、ベッドに横たわり、そして、利き腕ではない方の手で、セロファンでつつんだキーボードが容易に操作できるようにパソコンを設置する。

被験者はモニター上のポルノ写真をクリックして変更できる。アリエリーの指示で事前に学生二人が用意したものだ。現実に学生に効果のある資料が欲しかったので、学生に選ばせたのだった。興奮の度合いを入力するバーが表示されており、学生は方向キーを使って入力する。裸体の右側にあるこのバーは、学生が科学のための使命を果たしていることを常に思い出させるものだ。「興奮度七五％」に達すると、最初の質問が表示される。どちらかと言えば賛成かまたは反対かに応じて、答えを方向キーを使って「イエス」と「ノー」が示された二つ目のバーにマークする。間違いで射精してしまったときは、学生はタブキーを押す。実験はここで中断されるが、実際には一度も中断しなかった。

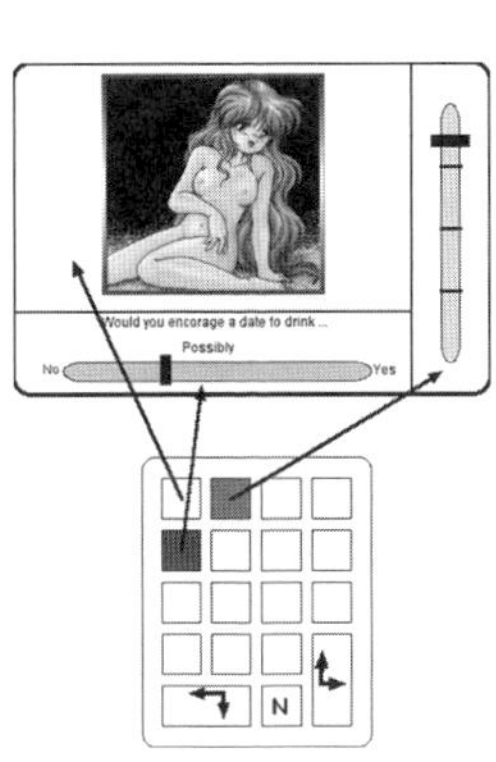

学生が見る画面の内容．中央にポルノ写真．方向キーで興奮の度合いを入力するバーが右側．興奮度 75% で下に質問と回答用バーが表示され，同様に方向キーで回答する．

被験者が答える質問はそれなりのものだ。もし、あなたがあからさまに性的な表現を読みたくない場合は、少なくともここでページを飛ばした方がよいだろう。始めはあまり害のない質問「女性の靴をエロチックだと思いますか？」だが、その後に次のような質問が続く。「四〇歳の女性とセックスすることを想像できますか？」、「五〇歳の女性とは？」、「六〇歳の女性とは？」。さらに「一二歳の少女に魅力を感じますか？」。「嫌いな相手とセックスして楽しめますか？」。「女性が汗をかくとセクシーだと思いますか？」。「セックスのチャンスを大きくするために、女性に好きだと言いますか？」または「女性に酒を勧めますか」または「薬物を与えますか？」。「あなたがコンドームを取りに行っている間に相手が考えを変える恐れがあるときでも、コンドームを使いますか？」

アリエリーは三五名の被験者を三つのグループに分けた。かわいそうな第一グループの学生は興奮していない状態でのみ質問に答えて、実験を終了する。第二グループはまず興奮した状態で、次に最低一日間をおいた後に興奮していない状態で答える。第三グループはまず興奮していない状態、次に興奮した状態、そして最後にもう一度興奮していない状態で答える。これは、異なった状況の順番の違いが結果に影響を及ぼすかを確認するためだった。結果はその順番には影響されず、驚くほど一定だった。性的に興奮した状態では、異常なセックスやパートナーに対しての卑劣な行為、そして、リスクの多い行動の可能性が高まった。

この効果は驚くほど大きかった。アリエリーは学生が回答の入力に使っているバーを、一〇〇の目盛りがついたものに変えた。「ノー」は〇で、「ひょっとしたら」が五〇、「イエス」が一〇〇である。「相手を縛り付けることに喜びを感じると思いますか？」との問いに対する回答を平均すると、興奮していない状態では四七で、興奮した状態では七五だった。「キスだけでは欲求不満になりますか？」では、興奮していない状態では四一で、興奮した状態では六九だった。

アリエリーは論文の発表先をいくつかあたって、やっと専門誌『*Journal of Behavioral Decision Making*』に発表できた。他の多くの出版社にとって、この実験は刺激的すぎた。出版後ほどなく反響があった。「一部の人たちは『当然の結果だ』または『それはとうに知っている』と主張した」とアリエリーは思い起こす。彼はこの結果をまったくもって当然ではないと考え、「もし全員が知っていたなら、なぜ回答はこれほど異なっているのだ?」と、問い返す。現実にはわずかな人間しかこの効果を知らない、少なくとも本人自身に関しては。

われわれは自分のことをいかに高貴だと思っていようとも、自らの激情が行動に与える影響を過小評価しており、その影響は大きい。「『はっきりノーと言おう!』には、人が自らの激情をボタン一つで消すことができるという前提がある」と、アリエリーは書いている。しかし、人はそうすることはできないので、残された選択肢は「一〇代の若者が自ら抵抗できないような状況に陥る前に、いかにノーというかを教えるか、あるいは、燃え上がる激情の中でイエスと言った場合に起こる結果に対応する準備をするか(たとえばコンドームを使用するとか)である」。確実なことは「一〇代の若者に対して、半狂乱の状態でいかにセックスと付き合うかを教えなければ、われわれは、彼らを愚弄するだけではなく、われわれ自身を愚弄しているのだ」。

バークレーでの客員研究員時代を終えてMITに帰ると、今度は実験対象を女性にも拡大して再度行うことを考えた。そこで、勤務していたMITのスローン経営学大学院の学部長に許可を申請した。「学部長は『委員会を設置しよう』と言った」と、アリエリーが思い出す。「『委員会』と言う言葉を聞くと、時間がかかることがすぐわかる」。

この委員会には女性のみが属していたわけではないが、それでもアリエリーはほどなく「怒った女性の委員会」と名付けた。「たとえば、広告が大胆すぎるので決してフランスには旅行しない、という女性がいた。私はそんな人間たちと交渉しなければならなかったのだ」。

予想通りというほかないが、委員会ではいくつか異論があった。たとえば、マスターベーション依存症の被験者が実験により再発するのではないか、あるいは、ポルノ画像が抑圧された過去の辱めの記憶を呼び起こすのではないか、などである。アリエリーにとって、このような意見はまったくの言い掛かりである。病的なマスターベーション依存症はごくまれだし、委員会が「抑圧された記憶」とよぶものが本当に存在するのか、科学的に非常に疑わしい。

最終的に実験は三つの条件付きで許可された。それは、実験にスローン経営学大学院のMBA学生を使ってはならない、メディアからの問合せはすべて広報課に回すこと、そして、アリエリーはこの実験について授業で話さないこと、だった。アリエリーは特に第三の条件を奇妙に思った。「もしそれについて語ることが許されないなら、なぜ実験をするのか?」

その間に、アリエリーは保険をかける意味で、働いていたMITの別の学科で許可を取った。しかし、それでも困難は尽きなかった。次の問題は、マスターベーションする女子学生が男子学生に比べて非常に少なく、興奮するための障害も大きいことだった。男性なら誰でも実験に使用できる。マスターベーションの仕方を知らない男性はいない。しかし、マスターベーションしている、または、それを認める女性は全体のわずか二〇%で、その女性を使って実験をしたら、非常に偏ったサンプリングをしたことになる。その実験結果からは一般的な女性の行動についての結論を引出すことはできない。

アリエリーは自分の実験を救うために、最終的にバイブレーターの使用まで考えた。しかし、許可を担当する委員会はそれがよい考えだとはみなさなかった。「思うに、委員会はボストン最大手の日刊紙『ボストン・グローブ』が次のように書くことを恐れたのだろう。『MITの教授が女性にマスターベーションを伝授!』」最終的にアリエリーは実験を諦めた。そういうわけでわれわれは今日に至るまで知ることができない。興奮すると、女性は男性の靴をエロチックだと思うのか、または、男性の汗に魅力を感じるのかということを。

2002年　ハリウッド俳優がガソリンスタンド強盗だったら

写真の二人の男性がわかるだろうか？　もし時折映画を見に行くならわかるはずだ。どうだろう？　もしわからなくても、心配することはない。仲間はたくさんいる。二つの肖像写真は俳優ベン・アフレックとマット・デイモンのモンタージュ写真である。学生八〇人に見せたところ、誰一人としてわからなかった。つまり、ハリウッド俳優が犯罪を犯しても、この写真は役に立たないということだ。モンタージュ写真の利用価値をこれほどわかりやすく示すことはできないだろう。彼らがガソリンスタンドを襲う必要がないことは幸運といえる。

　アフレックとデイモンおよびその他八名の有名な俳優や音楽家の顔を使った実験は、スコットランドのスターリング大学教授チャーリー・フロードが考えたものだ。彼は長年モンタージュ写真の研究をしており、英国で使用されているプログラムと作成方法を検証すべきときだと考えていた。そのおもな理由は、彼自身が新しいプログラムを開発したので既存のものと比較したかったからだ。

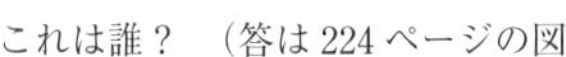

これは誰？　（答は224ページの図）

1990年代に行われた別の実験の結果．専門家が自身のソフトで写真から作成．このうち一人でもわかるだろうか？（答はビル・コスビー，トム・クルーズ，ロナルド・レーガン，マイケル・ジョーダン．）

もちろん、本当だったら、偽の犯罪を仕立てて、何も知らない証人を被験者として使いたかった。しかし、それは不可能なので、著名人を使わなければならなかった。「有名人の顔を使うのは若干奇妙だ。犯罪者は有名ではないのだから」と、フロードは話す。「しかし、それはとても実用的だ」。もっとも、適度に有名な著名人を探すのは簡単ではない。まず被験者が知らない程度には無名である必要がある。証人が銀行強盗を知っていたら、モンタージュ写真は不要だから。しかし、ある程度有名で、本来ならその顔を知っている人が十分にいなければならない。作成後にモンタージュ写真を見せて、認識できるかを確認するためである。フロードがこの実験を行ったときには、ベン・アフレックとマット・デイモンはこの範疇（はんちゅう）にあった。

フロードは二人の肖像写真を他の八人のものと一緒にまとめ、その合計一〇枚の写真を目撃者役の被験者の五〇名に一枚一枚見せた。五〇人はそのなかから自分の知らない人物の写真を一枚選び、その写真を一分間しっかり見る。警察が目撃者の事情聴取を開始するまでに通常必要な二日間が経ってから、彼らは再び実験室に来て、専門家とともにモンタージュ写真をつくる。その際よく使われていた三本のソフトE-Fit、PROfitまたはFACESのうちの一つか、専門のデッサン家またはフロードの自作のソフトが使用された。

結果は、デイモンとアフレックの二人に関してだけではなく、全員に関してひどいものだった。学生八〇人からなる審査団に対して、一〇枚のモンタージュ写真を一枚ずつ示した。八〇〇回のうち、顔が認識されたのはたった二二回であった。割合にすれば二・八%だ。しかも、ほぼ理想的な条件であったにもかかわらずである。目撃者役の被験者は最初から顔を憶えなければならないことを知っていただけではない。肖像写真は非常にはっきりしたものであったし、一分間も集中して見ることができた。これは、銀行強盗が目撃者からよく見えるように立ち、ゆっくりと六〇を数えてから、逃げ出すようなものである。

デッサン家の能力やコンピュータープログラムの性能が、このように悪い結果の原因ではないことは、もう長く知られていた。原因はおもに写真の作成方法にある。ほとんどの場合、目、耳、口およびその他の顔の特徴が個々に描写され、多数の見本の中から選択される。しかし、われわれの脳はそのようにはつくられていない。われわれは個々の特徴を個別に記憶するわけではなく、顔を全体としてとらえる。「結婚して一五年あるいは二〇年の夫婦でも、一方が相手の顔の特徴を何一つ正確に描写することができないことがある」と、クリストファー・ソロモンが話す。彼はフロードが実験に使ったソフトE-Fitを販売する、ヴィジョン・メトリック社の技術部長だ。

人間がいかに顔を認識するかはいまだに謎である。確実なことは、たとえば、幅の広い鼻、大きな目、細い唇そして小さな耳からできていることを知ることなく、顔を認識することだ。しかし、ソフトが要求するのはまさにこのような特徴なのである。

EvoFitで作成したモンタージュ写真．この男性がわかるか？（答はロビー・ウィリアムズ．）

さらに、写真を見ながらモンタージュ写真を作成する場合でも問題がある。正しい目、眉、鼻、および、口を選んだとしても、

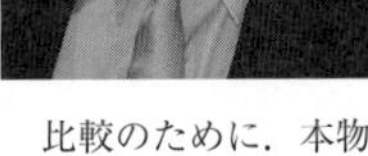

比較のために．本物のベン・アフレックとマット・デイモン．

それを正しく配置することに困難なことがあるのだ。未知の顔を、記憶からではなく写真から直接作成する場合でも、完成したモンタージュ写真の認識率が大きくならないという研究もある。「恐ろしいことだ！」と、フロードが断言する。

フロードは、実験で使用したような従来のソフトを使っても、たまに使用可能なモンタージュ写真ができあがることを否定はしない。しかし、時折成功することにより、多くの警察官や世間一般の人がモンタージュ写真へ過度な信頼を抱くことになった。モンタージュ写真により捕まった犯人については新聞で読むが、モンタージュ写真があったにもかかわらず解決しなかった犯罪は報道されない。解決につながったモンタージュ写真と、役に立たなかったものとの割合を知ることができたら、興味深いだろう。しかしそのような統計はほとんど存在しない。劣悪なモンタージュ写真が真犯人から注意をそらすことによって、事件の解決を阻害した件数に至ってはまったく不明である。

フロードのソフトEvoFitはこの特徴の問題を巧妙に解決した。EvoFitでは証人は細い目や肉厚の唇を描写せず、単に七二個の顔を示され、そこから犯人に似た六個を選ぶ。EvoFitは選択された顔六個の特徴を組み合わせて新しく七二個の顔を作り、同じことを最初から繰返す。この工程を三度行った後、証人は最も似た顔を選びこれがモンタージュ写真として採用される。他社も同様の技術を開発中である。

二〇〇二年に行ったフロードの実験では、EvoFitは個々の特徴を基礎としたソフトと同じ成績をおさめた。しかし、フロードはプログラムをさらに改良し、目撃二日後に製作した場合の命中精度は今日二五％だ（既存の最良のプログラムは五％）。

もし、ベン・アフレックとマット・デイモンが売れなくなったら、犯罪に手を染めないよう忠告するしかない。

2002年 ウェイトレスが客をまねるべき理由

一九八〇年代に行われた初期の実験以来、チップに関する国際的な研究は驚くような情報を提供してきた。チップを多く得るには、たとえば、ウェイトレスは客に軽くタッチする（『狂気の科学』、252ページ参照）、名前を伝えて自己紹介する、伝票に小さな太陽の絵を描く、または、注文を受けるときにテーブルの脇でしゃがむ、などが効果的である。二〇〇二年、オランダにあるナイメーヘン・ラドバウド大学の心理学者リック・B・ヴァン・バーレンは、客を気前よくさせる別の方法を発見した。それは、客を真似(まね)ることである。

人間が無意識のうちに他人を真似ることは、心理学者がしばらく前に発見していた。他人と話すときにわれわれは相手と同じように話したり笑ったりする。これはわれわれが相手に好感を感じていることの現れであることが多い。相手を巧妙に真似ることができれば、意図的に好意を得ることができる。相手がそのような意図的な小細工に気付かないことが前提ではあるが。ヴァン・バーレンは、これが日常生活で機能することを、オランダのあるレストランで示した。ウェイトレスが客の注文を一言一言繰返すと、そうしなかった場合に比較して、チップの額は六八％増えたのだった。

「接客担当者は、より多く稼ぎたいと思ったら」と、コーネル大学のチップ研究者マイケル・リンは書いている。「慎重かつ正確なサービスよりも客を上機嫌にさせて和やかな関係を築くこと…（中略）…に集中すべきだ」。

2003年 サルが好む音楽は？

音楽は最も奇妙な人間の営みの一つである。あらゆる文化で存在し、ベドウィン人も山地の農民も都会の会計担当者も音楽を楽しむが、進化の視点から説明することはできない。そもそも人類全体の普遍的行動が成立するためには、長期にわたる進化の過程でより多くの子孫を残したはずである。すべてのヒトにみられる、大きな高度差に対する不安や逃避反射に関してはこの関連が明らかだが、音楽についてはまったくの謎だ。

この謎の解明を進めるためには、動物も音楽を好むかどうかを調べることが役に立つかもしれない。もし動物が実際音楽を好むなら、ヒトの音楽に対する愛情は、直接音楽とは関係ない生来の行動に由来する、進化の過程における遺物であろう。動物自体は、少なくともヒトが理解するような意味においては、音楽を楽しまないのだから。

しかし、動物が音楽を好むか否かをどのように確認するのか？　モーツァルトあるいは民族音楽グループのカステルルーター・シュパツェンを聞かせて、その反応をみることはできる。しかし、たとえその動物が嫌がって吠えたり歯をガチガチいわせたりしたとしても、それはたとえば、すべての民俗音楽のなかで、よりによってカステルルーター・シュパッツェンが嫌いなだけなのかもしれないし、モーツァルトに関しては、単にピアノ協奏曲第一四番変ホ長調だけが好きで、実験では第二〇番ニ短調を選んでしまったのかもしれない。

マサチューセッツ工科大学のジョス・マクダーモットと、ハーバード大学のマーク・ハウザーは、この問題を次のように解決した。キヌザル科に属する小型サル、タマリン六匹を一匹一匹V字形の檻に入れてテストする。タマリンがV字形の檻の一方の側に留まると、そこに取付けられたスピーカーから二音構成の心地よく響く協和音を聞くことになる。それに対して別の側に移動すると、現代音楽の作曲家のシュトックハウゼンが自慢しそうな一連のひどい不協和音が流れる。サルは居所を決めることにより、どの音を聞くかを決めることができるわけだ。

ジョス・マクダーモットとマーク・ハウザーはこの装置を使ってサルの音楽の好みを調べた.

タマリンがカステルルーター・シュパッツェンを好むか否かに関わらず、もしヒトと同じように音楽を知覚するなら、「シュトックハウゼン側」を避けるはずである。しかし、タマリンはそうせず、檻の両側に同様にとどまっていた。つまり、協和音も不協和音も同じように聞いていた。

ハウザーとマクダーモットはこのことから次の結論に達した。調和した響きに対する多くのヒトの好みは、ヒトとタマリンの最後の共通の祖先が生きていた四千万年前以降に発生したに違いなく、音楽に対するヒト独自の適応かもしれない。逆に表現すれば、音楽は動物であった先祖の行動が変化して発生したのでなく、きわめて人間的なものである。

この実験装置は別の音の好みを調査するのにも適していたので、二人はあらゆる音のなかで最も謎に満ちたものに関しても試してみた。それはつまり黒板を引っかく音である（153ページ参照）。サルにとってはどうでもよかった。黒板を引っかく音と、同様に大きなざわつき音のどちらかを選ぶことができても、サルはどちらも優先しなかった。

ロシアの子守歌や、ドイツのテクノ音楽、モーツァルトの弦楽四重奏曲第一七番変ロ長調（KV458）などを使った実験で、やっとサルが何を真に好むかわかった。それは、静寂である。

2003年　シロップの中を泳ぐ

競泳選手ブライアン・ゲッテルフィンガーは、二〇〇四年にアテネで開催された夏期オリンピックの米国代表の座を惜しくも逃したが、水泳では多くのオリンピック選手よりも有名になった。それは、二〇〇三年八月一八日、ミネアポリス市にあるミネソタ大学のウォータースポーツセンターで、シロップ六五万リットルの中をクロールで泳ぎ、四〇〇年にわたる論争に終止符を打ったからだ。シロップの中を泳ぐと、水中を泳ぐときと比較して、速いか、遅いか、または、同じか、との問いに対しては、一七世紀以来二つの答えがあった。アイザック・ニュートンは遅くなると考えた。それは、シロップは粘度が大きいので、泳者にブレーキをかけるはずだからだ。それに対しクリスティアン・ホイヘンスは、泳者が受ける抵抗はおもに速度の二乗に依存すると考えた。二倍の速度で泳ぐには、四倍のがんばりが必要である。ホイヘンスの仮説には興味深い副次的帰結がある。それは、液体の粘度は、大きくても小さくても、泳ぐ速さに影響を及ぼさないことだ。シロップを満たしたプールがなかったので、この論争はその後数世紀の間、おもに理論的観点からなされた。

ミネソタ大学の化学の教授エドワード・カスラーも、三〇年以上前にこのホイヘンスとニュートンの論争を聞いて知っていた。「ウルグアイ出身のふくよかな女子学生が、私に水泳で競争しようと申し出た」と、カスラーは学報『明日を創る』に述べている。驚いたことに、その勝負は女子学生が勝った。彼はこの敗北により水泳の物理学について興味をもち、水泳における粘性の影響は必然的にテーマとなった。

しかし、実際に実験を考えたのは、ゲッテルフィンガーが彼の学生になったときだった。「彼は思いつく限りのよい質問をしたが、私は答えを知らなかった」と、カスラーは雑誌『プール&スパ・ニュース』に述べている。この雑誌には、彼の実験に関する数百の記事の一つが記載されている。「たとえば、彼はトレーナーが勧めるように全身の毛を剃るべきか、あるいは、腕の毛だけは残すべきかを知りたがった」。その狙いは、身体に対する水の抵抗を可能な限り小さくして、櫂（かい）の役割をする腕に対する水の抵抗を可能な限り大きくすることだ。

プールに 310 kg のゲル化剤を投入して粘度を上げるために，22 の許可が必要だった．

二人の議論はいつもニュートンとホイヘンスに行き着いた。文献を調べたところ、驚いたことにこれまで誰もこの論争を解決しようとしていなかった。その理由の一つは、この種の実験に伴う膨大な手間だろう。

カスラーはこの実験のために二二もの許可を得なければならなかった。当初はトウモロコシのシロップを使って、プールの水の粘度を上げるつもりだったが、当局は膨大な量のシロップで浄化装置が壊れることを恐れた。それで、最終的にはグアーガムを使用することになった。ドレッシングやアイスクリームを濃くするためにも使われるゲル化剤である。

水泳センターの代表は、三二〇キログラムのゲル化剤を彼のプールの一つに入れるという提案に最初は驚いた

シロップの中で泳ぐと水中よりも速い，あるいは，遅い？ この問題はここで最終的に決着した．

が、この実験が教育の最高の機会だと理解した。もっとも、それほど大量の粉をいかに均等に水に溶かすのか？ グアーガムは非常によくかき混ぜないと塊になりやすい。この問題の解決のカギは、ゴミバケツを本来の用途以外に使用することだった。バケツにグアーガムと少量の水を入れて、強力なミキサーで攪拌(かくはん)したのだ。実験の前の土曜日に、ポンプ一台を使いプールの水を四時間にわたってこのバケツの中を通し、粉をプール全体に行き渡らせた。さらに水中ポンプ四台を使って攪拌し、月曜日には、プールは緑がかった粘液で満たされた。水の二倍の粘度である。

月曜日、カスラーは最初に粘液浴をすることにこだわった。彼が無事プールからあがると、実験が開始された。ゲッテルフィンガーの他に競泳選手九名と一般の泳者六名が参加。まず普通の水を張った別のプールで二五メートル泳ぎ、その後シロップの中で五〇メートル、そして再び普通の水で二五メート

ル泳ぐ。測定値を比べると、水とシロップで泳ぐ速度はほぼ同じだった。

これを簡単に説明すると次のようになる。泳者はシロップの中ではより大きな抵抗を受けるが、腕は粘度の高い液体の中でより大きな効果を得る。いわばより効果的に液体を押して進むことができるわけだ。この二つの効果はこれまでも知られていた。実験は、この二つの効果がほぼ同じで、相殺することを示した。シロップの粘度が水の一〇〇〇倍ぐらいになれば、結果は異なるだろう。もっとも、細菌のような小型生物の場合には、粘度は泳ぐ速度により大きな影響を及ぼす。

カスラーとゲッテルフィンガーはこの研究により、二〇〇五年のイグノーベル化学賞を受賞した。これはノーベル賞のパロディで、毎年一〇月にボストンで授与される。

2005年 芽を摘む

二〇〇五年一二月の寒い夜、キース・カイザーはバックに三本のスプレー缶を入れてチンタン通りに忍び込み、一五分間で通り沿いの家の壁に落書きした。警官に見つかった場合の釈明を長い間考えていたが、よいアイディアはまったく浮かばなかった。「フローニンゲン大学での私の博士論文の一部です」、「心理学の実験のためです」、「私自身が事前にチンタン通りの壁を塗りました」。これらはすべて本当だが、信用してもらえるとは思えなかった。「フローニンゲンの警察に事情を説明するのは困難だった」と、カイザーは社会学で博士論文を書いていた当時を振り返って話す。それには一九六九年に始まる長い物語を語らなければならないからだ。

心理学者フィリップ・ジンバルドーは、この年にニューヨーク大学の通りの向かい側に古いオールズモービルを駐め、ナンバープレートを取外して、ボンネットを開けた。それから遠くに離れ、略奪者や破壊者がつぎつぎに来て、二六時間かけて車をスクラップにしていく様子を観察した。同じ実験をカリフォルニア州の大学町パロアルトで繰返したところ、今度は何も起こらなかった。しかし、ジンバルドーが大きなハンマーで自動車を打砕くと、パロアルトの眠っていた破壊衝動が目覚めた。通行人が短時間で車を破壊したのだった(『狂気の科学』、187ページ参照)。

荒廃の徴候は、彼の自動車に関してだけではなく、その徴候が現れているすべてのケースで人を破壊行為に走らせる、とジンバルドーは考えた。犯罪学者のジョージ・L・ケリングと政治学者のジェームズ・Q・ウィルソンは、この知見を基に、町の一部の段階的スラム化の理論を考案し、一九八二年に学術雑誌『月刊アトランティック』に「割れ窓」のタイトルで論説した。

それは、程なく「割れ窓理論」とよばれるようになる。それによると、落書きや器物損壊、ゴミのポイ捨てのような軽微な秩序違反がより重大な犯罪の温床になる。それは、その種の秩序違反により、人々は、監視が行き届かなくなっており、何をしても誰からも責任を問われなくなっていると感じるからだ。

ニューヨーク市警のビル・ブラットン本部長が、一九九〇年代にいわゆるゼロ・トレランス方針を導入し、軽微な違反も即座に取締まったときは、ケリングとウィルソンの理論を根拠にしていた。その後ニューヨークでの犯罪は大幅に減少したが、それが本当にブラットンの対策の成果であるかは、異論がある。

それは、割れ窓理論はあまり検証されておらず、かつ、一般論としての性格が強いからだ。しっかりした科学的調査はほとんどないし、軽微とみなされる秩序違反の正確な意味や、それが別の人間の違法

ハンドルのビラをどうするか？ 左の写真の場合には33%がポイ捨てし，右の場合にはポイ捨率は69%だった．規則違反は伝染する．

行為を誘導する際の強さや速度は誰も知らなかった。

カイザーは、まさにその検証のために高鳴る心臓を押さえてチンタン通りに立ち、震える手で生まれて初めて家の壁にRとB、そして波線数本をスプレーで書いたのだった。落書きの唯一の要件は、内容がなく誰も芸術だと思わないことだった。

その数週間前の夜にも、彼は一度チンタン通りにいた。もし警官がいたらもっと驚いたろう。カイザーは夜中に通り全体の壁をグレーに塗り、駐輪場として使われている側に落書き禁止の看板を立てた。

翌日、カイザーは駐めてある自転車のハンドルに、「皆様によい祝日を」のタイトルがついた架空のスポーツ店のビラを取付け、自転車の所有者が戻ってきたらどうするかを観察した。近くにゴミ箱はなかったので、ビラをポケットに入れるかあるいは道に投げ捨てるかの二択しかない（ハンドルに付けたままにすると、走るのに邪魔である）。すると、三三％の人は通りに捨てた。壁に落書きをしたその次の日も、再度自転車にビラを付けた。すると今度は突然六九％の人がそれをポイ捨てしたのだった。

みすぼらしい落書きがいくつかあるだけで、人は子供の頃受けたよいしつけを忘れてしまう。秩序違反の割合は二倍以上になったが、驚くべきことは、効果の大きさだけではない。ある規則（この場合には落書き禁止）違反が、別の規則（ゴミのポイ捨て禁止）の違反につながったことも重要だ。規則違反は、伝染病のように他の規則にも感染するのだろう。

社会学者ジークヴァルト・リンデンベルクと心理学者リンダ・シュテークはこの結果を予想していた。二人はカイザーの学問上の協力者だ。二人が考案したいわゆるゴールフレーミング理論でチンタン通りでの人々の行動を説明できる。この理論によれば、人間の行動を左右する目標は三つに分類できる。それは、

1．規則準拠。私はしかるべき行動をとる。
2．享楽準拠。私は心地よく感じられることをする。たとえば大変ではないこと。
3．利益準拠。私は自らの物質的立場を改善することをする。

これらの目標は、多くの場合互いに競合関係にあり、その優先順位は外部からの影響により変化することがある。たとえば、禁止された落書きを見ると、自転車利用者の規則に従うという目標の優先度が下がる。理論的には、この効果は規則違反の場合だけではなく、警察の指示に関しても起こるはずである。それを確認するためカイザー、リンデンベルク、シュテークは別の実験を考えた。

カイザーは、ある病院の駐車場の入口を、可動式の格子の門を使って、五〇センチメートルの隙間を残して閉めた。そして門に二つの禁止表示を取付けた。それは、「自転車を鎖で門に固定しないこと」と「通行止め、脇の入口を使用すること」である。今回も一つ目の規則違反が、二つ目の規則違反につながった。カイザーが門に自転車四台を鎖で固定しておくと、通行人の八二％が隙間を通っていった。自転車四台を駐めなかった場合には、その割合はわずか二七％で、三分の一である。

さらに三人は実験を重ねて、以下のような知見を得た。プライベートな規則でも同様の効果があり、

規則違反を視覚以外で知覚した場合でも同様である。自転車利用者が駐輪場でビラを投げ捨てる割合は、近くで行われている禁止された花火の音を聞くと、その規則違反を聞かなかったときと比べて、三〇％多かった。

カイザーが、最後のそして最重要の問題の解決に取掛かったときには、彼はすでにフローニンゲンのホームレスの間で有名な存在になっていた。「彼らはよく私に挨拶した。人々を観察するために何日も路上をうろうろしていたので、私のことを仲間だと思ったに違いない」。最重要の問題とは、軽微な秩序違反が重大な規則違反につながるかである。軽微な秩序違反が連鎖反応を起こし、犯罪まで行き着くことがあるのだろうか？

通行止め！ 第二の禁止規則（駐輪禁止）が遵守されている状況では，27％の通行人が門を通って入り，駐輪された自転車がある場合にはその割合は3倍だった．

これを検証するため、研究者三名は人を盗みに誘導することにした。カイザーは窓付き封筒に、外からよく見えるように五ユーロ札を入れた。そして、その封筒をオランダ郵便のポストに半分だけ差込み、札がよく見えるようにした。第一のケースではポストに落書きし、第二のケースでは回りにゴミを少しまいておき、第三のケースではすっかりきれいにしておいた。結果は今回もはっきりしたものだった。ポストが清潔な状況では通行人の一三パーセントがお金を盗み、他の二つのケースでは盗みは二倍になった。

「そこで私が見たものは、人間に対する疑いを呼び覚ました」と、今日、カイザーは語る。老婆でさえも汚れたポストの影響

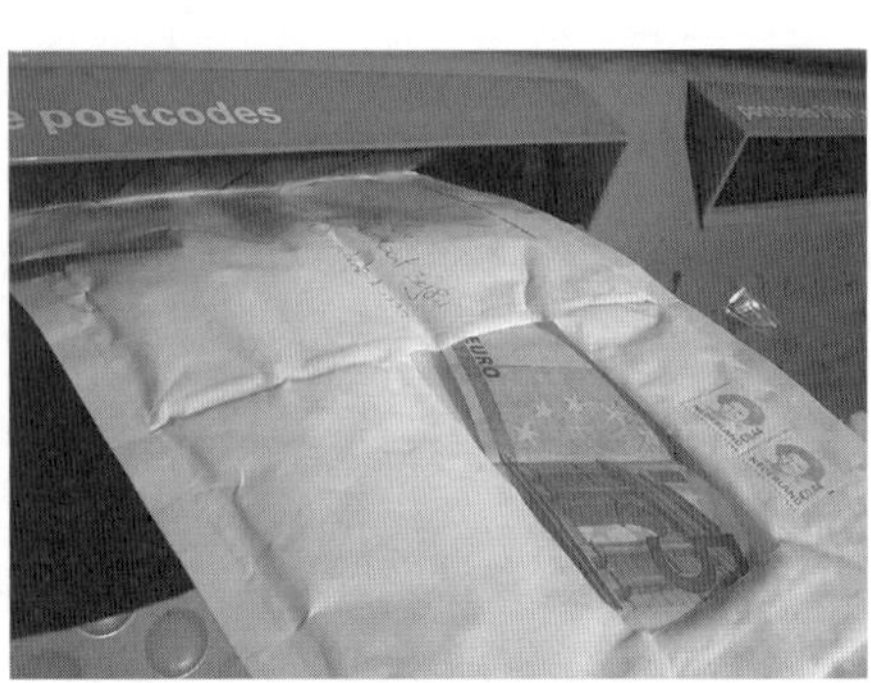

このポスト周辺が清潔だと，通行人の 13％が金が入った封筒を盗んだ．周りにゴミが散らばっていると，その割合は 2 倍になった．

を受けて泥棒になった。彼らは帰宅してがっかりしたことだろう。五ユーロ札に見えたものは、単なるコピーだったから。

三人がこの結果を二〇〇八年秋に公表すると、数百の反応があった。すべてがポジティブだったわけではない。グラフィティ関係者からは、落書きのない大都市は大都市ではない、との意見があがった。リンデンベルクが、アムステルダムの壁に合法的に落書きできるよう提案したところ、ペインターたちは、違法性が緊張を生み、それが、芸術活動を可能にするのだと、怒りを表明した。この研究結果に影響を受け、アムステルダムでは条例が制定され、新規の落書きすべてを即座に消すことになった。

もっとも、リンデンベルクは、ガラス窓を補修し壁をきれいに塗直すことだけで、荒廃した住宅地区が再生すると考えることを警告する。「すべてが荒廃した状態では片付けるだけでは解決しない」と、彼は述べている。そのような状態では、規則違反がすでに公にならないような分野に及んでおり、物質的な秩序を再構築するだけでは、もうあまり効果がないのだ。

2006年 イヌI――四つ足の役立たず

後に新聞でシルケ・Sとよばれる若い女性は、いつものようにバーニーズ・マウンテン・ドックのバルと散歩していた。森の中で突然若い男二人がシルケを襲った。いつもは小イヌさえも怖がって逃げ出すバルは、見違えるほど勇敢になり、暴漢からシルケ・Sを守り抜き、追い払った。

その勇気をたたえ、動物愛好家向け月刊誌『動物のためのハート』はバルに「四つ足の救済者」の称号と、金のハートが入った表彰状およびペディグリーのかご入りドッグフード詰め合わせを贈った。

しかし、カナダにあるウェスタンオンタリオ大学の心理学者ウィリアム・A・ロバーツの見解に従えば、バルは表彰を辞退すべきだったろう。もちろんロバーツは、イヌの驚くべき能力を知っている。視覚障害者を誘導することができるし、雪崩の犠牲者を発見することもできる。しかし、そのような能力を得るためには、長期間集中的に訓練する必要がある。ロバーツは、訓練を受けていないイヌが、人がいつ助けを必要としているかを認識できる、とは考えていないのだ。

多くの飼い主にとって、このような意見はまったく無礼である。新聞には、イヌが驚くような行為をすることが、繰返し掲載されているではないか。以下、いくつか例をあげる。シェパードのフレディーが、氷のように冷たい水から主人を助け出した。アイリッシュ・セッターのケイリフは、飼い主の男性が心臓発作を起こしたときに助けを呼んだ。ゴールデン・レトリバーのトビーは、女主人がリンゴを喉に詰まらせ窒息しそうになったときに、胸に飛び乗った。

「私は、イヌが人間を危機から助け出すようなことをすることを、疑っているわけではない。イヌがそれを意図的にしていることを疑っているのだ」と、ロバーツが話す。イヌを救済者として扱う物語が数多くあるのは事実だが、それは多分、単にイヌが最も多く飼われているペットだからであろう。そのため、人間が非常事態に陥ったときに居合わせることが多く、時折まったくの偶然から正しい行動を取る。そうしてイヌは有名になる。他方、けがをした主人を放って置いて、雌イヌを追って茂みに入ったイヌを、メディアは取上げない。間違ったことをして新聞に取上げられるためには、かなりのオリジナリティーが要求される。たとえば、銃の引き金に触れて、主人を射殺したテキサスのイヌのように。

ロバーツ自身はイヌを飼っておらず、動物を特によく知っているわけでもないので、疑念の解明に取掛かるまで時間がかかった。二〇〇五年、クリスタ・マクファーソンが大学での彼の授業に出席した。彼女がイヌのブリーダーでトレーナーだと知ったとき、彼は、イヌの救助行動を実験で科学的に調査することを、彼女に提案した。

まず二人は、実験のために容易に演出できる緊急事態を決める必要があった。まず考えつくのは「男性の主人が溺れる」または「女性の主人が襲われる」だ。しかし、ロバーツとマクファーソンはこの案を採用しなかった。「われわれは、もしもの場合に、被験者が実際に溺れたり咬まれたりすることを心配した」と、ロバーツが当時を振返る。それで次の二つの状況に決定した。偽の心筋梗塞の発作と、倒れた棚の下敷きになり動けない状況である。どちらも、一九六〇年代に行われた、人間の救助行動に関する有名な実験から得たアイディアだ。

動物を使った大半の科学的研究と異なり、イヌの調達は非常に簡単だった。イヌの飼い主は、自分のイヌをテストすることを望んでさえいたのだから。言葉にはしなかったものの、彼らは、自分の飼いイヌが献身的な救済者として証明されると思っていたのだ。

心筋梗塞の実験のため、マクファーソンはイヌの飼い主一二人に発作の演技を指導した。その後、飼い主とイヌは一組ずつ、実験場として使う閑散とした校庭へ行き、その中央で飼い主が倒れる。そこから一二メートル離れたところに、人が一人（場合によっては二人）いすに座り新聞を読んでいる。

ただ一度の例外を除いて、緊急事態を知らせるために新聞を読む人に触れたイヌはいなかったし、吠えたイヌもいなかった。ほとんどの場合は六分間のテストが終了するまで、イヌは飼い主の周りをあちこち嗅ぎ回り、時折地面を掘り返そうとした。何匹かはナーバスになり耳を伏せたり、尻尾を下げたりした。マクファーソンの考えでは、状況はイヌにとってどうでもよいわけではなかったが、「彼らが本能的に隣村に行って保安官を連れてくるようなことはなかった。私が思うに、イヌは人間を群れの一員だとみなし、側に留まったのだろう」。もっとも、必ずしもそうとはいえない。あるスパニエルは一匹のリスに気を取られて、飼い主の苦しみを忘れてしまった。イヌはリスを追いかけ首に噛みついて仕留めた。また、小さなプードルは、飼い主が偽の心筋梗塞の発作を起こすと、すぐに新聞を読む人の膝に飛び乗った。しかし、プードルは単になでてもらおうとしただけだった。

飼い主が心臓発作の演技をすると，そのイヌは助けを求めに行くか？ 答えはノーだ！ ただ1匹だけがいすに座った人のところに行った．しかし，それはその膝に飛び乗り，なでてもらいたかったからだ．

第二の実験では、本棚が倒れてイヌの飼い主が下敷きになり、意識はあるが動けなくなる。飼い主は痛いふりをして、直前に隣の部屋で見た人に助けを求めるようイヌに命じた。しかし、この実験でもイヌは役に立たなかった。イヌは一匹たりとも助けを呼びに行かなかった！ ある女性飼い主は、怒りのあまりイヌに向かって怒鳴りつけた「お前には七〇〇ドルも払ったのに、その価値はなかった！」

飼い主は倒れた本棚の下敷きになり，イヌに助けを呼ぶように哀願する．しかし，どのイヌも理解しなかった．

この結果が公表されると、ロバーツとマクファーソンは何日もラジオとテレビのインタビューを受けることになった。しかし、イヌの飼い主の多くは、イヌには人間がいつ非常事態にあるかを認識する能力がない、という二人の結論を信じようとはしなかった。彼らは放送中に電話をして、四つ足の救済者に関する自身の逸話を語った。

二人が用意したシナリオは十分に劇的ではなかった、と非難する者も複数いた。彼らの意見では、炎や暴漢による脅威または溺死の危険などの場合のみ、被害者はフェロモンを発生させ、それによりイヌが真の緊急事態であることを本能的に嗅ぎ取るのだ。

ロバーツはこの研究により、救済者としてのイヌに関して、すべてが解明されたわけではないことを知っている。しかし、一五種類のイヌ四四匹のなかで、ただの一匹も名犬ラッシーのように行動しなかったことには、説明が必要だ。イヌは人類が最も古くから飼っている家畜であり、一万年あるいは一万五〇〇〇年来の人類の同伴者である。ロバーツは、イヌはこのように長い間飼育されてきたことにより、この世界で自力で行動する能力を失った、と考えている。「自力で何とかしなければならないような状況では、イヌは特に有能ではない」。

家畜化の過程で、イヌは空間の記憶能力も失ったに違いない。ロバーツとマクファーソンが最近行った迷路の実験で、イヌはラットやハトよりもはっきりと劣っていた。

（愛犬家の皆さんへ。イヌは246ページの実験と『狂気の科学』、271ページの実験では、より優秀な結果をおさめた）

2006年 ステレオ嗅覚

ヒトや動物の鼻の穴が二つある理由は何だろう。他の感覚器官では、対になって存在する理由は簡単にわかる。二つの目は立体的に見るためだし、二つの耳は音の来る方向を知るためだ。しかし、二つの鼻の穴は？　この問題が長らく未解決であったおもな理由は、唯一の仮説が信じがたいだけではなく、検証がそれにも増して難しいからだ。

その仮説とは、二つの鼻の穴により方向を嗅ぎ分けることができるというものだ。脳は、匂い分子が鼻の二つの穴に達したときの濃度と時間の違いから、匂いの発生源の場所を推測する。この仮説が信じがたいのは、鼻の穴の間隔は狭いので、この違いはあまり大きくなりえないからだ。そして、その検証がさらに難しいのは、たとえば穴の一つを閉じるなどの実験に必要な処置に対して、従順なイヌでさえも非常に敏感に反応し、イヌ以外の動物については選択肢に入ることさえないからである。そのような処置を黙って受入れる動物はヒトだけだ。

イヌは一流の痕跡追跡者だ．ヒトもそれができるだろうか？

ひざまづけば，この写真のようにヒトもココアの痕跡をたどることができる．鼻の両穴での濃度の相違から，方向情報を嗅ぎ取るのだ．

ノーベル賞受賞者のゲオルク・フォン・ベーケーシが一九六〇年代に行った実験は、ヒトが匂いが来る方向を、七度から一〇度の精度で嗅ぎ分けることができることを示した。しかし、別の研究者はこの実験の結果を検証することができなかった。それだけではなく、この能力が現実的な影響をもつかも不明であった。たとえば、二つの穴があれば、一つの穴の場合よりも早く匂いの痕跡をたどることができるのだろうか。匂いの痕跡を嗅ぎ分けることにおいて、ヒトは決して名人ではないので、まずまったく別の問題がある。それは、そもそもヒトは匂いの痕跡をたどることができるのかだ。

カリフォルニア大学で生物物理学を学ぶジェス・ポーターは、まさにこの問題を解明しようとした。彼女は、キャンパスの端にあるベーカー・ホールの前の芝生に、事前に極度に薄めたココアに漬けておいたひもを張った。そうして、被験者三二人が目隠し、耳当て、膝当て、そして、厚い手袋をして、ココアの痕跡から三メートル離れたところでひざまずいて嗅ぎ始めた（右図）。

被験者の三分の二は痕跡を見つけ、ココアの匂いを最後までたどることができた。その際、二つの鼻の穴の役割は何だったろう？ ポーターは被験者一四名の鼻の穴を一つ塞いだ。すると今度は三分の一がゴールに達し、さらにそのために要した時間も長くなった。この悪い結果の原因は、ほんとに方向を嗅ぎ分けられなかったからだろうか？ ポーターにはその確信がなかった。二つの穴に比べて、一つの穴からは半分の匂いの分子しか吸い込まれず、さらに半分の知覚細胞にしか到達しない。これが、悪い結果の理由かもしれない。ポーターはこの可能性を排除するため、穴が一つ空いた小さな鼻あてをつくった。空気はその穴を通って、鼻の両方の穴に到達する。今回もゴールの到達率は悪く、しかもゆっくりだった。これにより、被験者は方向を嗅ぎ分けることができ、最初の実験でもそれを利用していたことが、疑う余地なく実証された。

ヒトが痕跡をたどる速度はとりわけ速いわけではなく、三八秒間で一〇メートルだった。しかし、ポーターは、少し訓練しただけで、これを大幅に改善できることを示した。被験者四名が一日三回三日間、痕跡をたどったところ、最終的に速度は二倍になった。その際の計測結果によると、彼らは、嗅ぐ頻度を二倍にすることによって、成績を上げていた。頻度は、三秒に一回だったのが一・五秒に一回になっていた。イヌはその一〇倍の頻度で匂いを嗅ぐ。つまり、ヒトが十分速く匂いを嗅ぐことができれば、痕跡をたどる役割を現実に担うことができるということだ。もっとも、ひざまづく謙虚さがあればだが。

2007年 イヌⅡ――非対称的なしっぽ振り

ジョルジオ・ヴァローティガラは自分の実験から個人的結論を二つ引出した。第一に、マスメディア向けとしては、間違った動物で実験していたこと。第二に、何時間にもわたってイヌがしっぽを振る様を録画したビデオを見るのは退屈ということだ。

ヴァローティガラはイタリアのトリエステ大学の神経科学者である。研究生活の大部分を動物における脳の左右非対称性の研究に費やしてきた。たとえば、左右脳半球の分業である。ヒトを含む霊長類がおもに右利きなのはこの非対称性に由来している。

右脳が身体の左半分を、そして左脳が右半分を制御することから、それまで研究者は常に対で存在する身体部分に注目して、脳の非対称性の影響を研究してきたのだった。たとえば、腕、目、耳、そして足である。一方、ヴァローティガラは対として存在しない身体部分への非対称性の影響に目を付けた。そしてまず思いついたのがイヌのしっぽである。これは彼自身がチワワを飼っていたためかもしれない。

イヌのしっぽはこの実験に特に適していた。それはイヌがしっぽで感情を表現するからであり、左右両脳はそれぞれ別の感情を担当することもわかっていたからだ。一般的に左脳は融和や信頼を司り、それはたとえばヒトの場合は、愛、安心感、そして平穏などである。それに対して右脳は、恐れ、不信、不安、抑鬱などを担当する。これは、ヒトの場合には、顔の右半分の筋肉が喜びや満足感に反応し、左側の筋肉が悲しみや不満に反応することに表れている。

イヌにおいては左脳がしっぽを右に動かす筋肉を司り、右脳は逆を担当することから、ヴァローティガラはイヌがそのときどきの感情によりしっぽを非対称的に振るとの仮説を立てた。

それを検証するため、彼はバーリ大学の獣医二人の協力を得て、イヌ三〇匹を調達した。彼らは二×二×四メートルの暗い箱を用意し、その中にイヌを入れた。箱には窓が一つあり、イヌはその窓を通してネコ、強そうなイヌ、見知らぬヒト、そして、飼い主を代わるがわる見る。そして、イヌが箱の窓に近づくと上部に取付けたビデオカメラがそのしっぽの動きを録画する。

幾日にもわたるやっかいで地味な作業により、ヴァローティガラの協力者マルチェロ・シニスカルチ

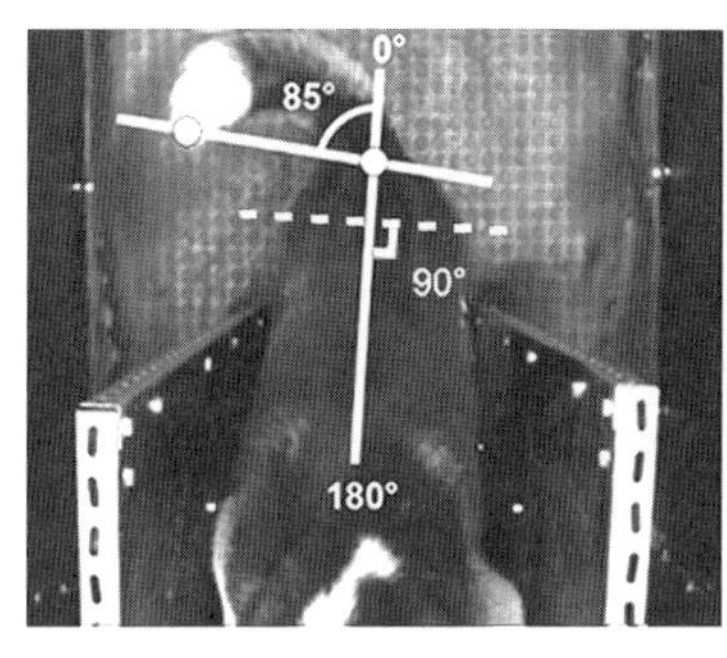

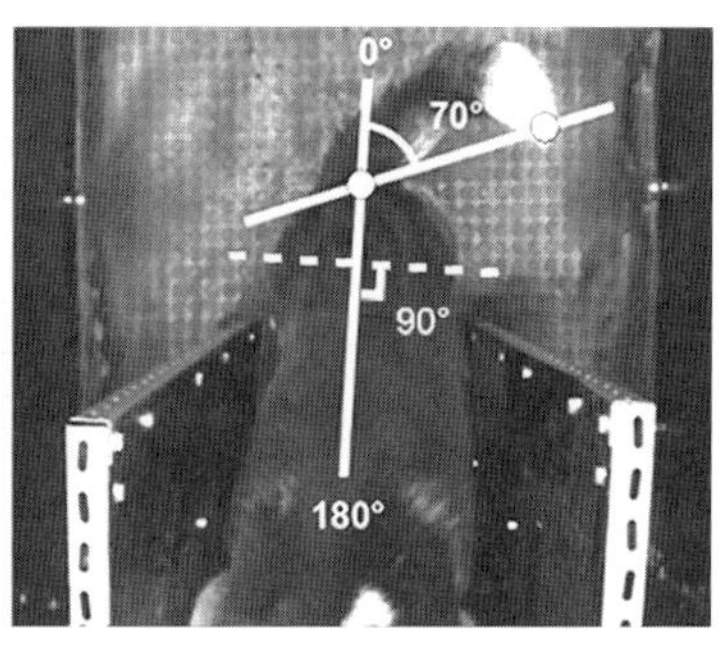

イタリア人精神科学者ジョルジオ・ヴァローティガラは共同研究者と共に，しっぽを振るイヌの画像 18000 枚を分析し，しっぽの最大振り角を決定した．

は、しっぽを振るイヌの一万八〇〇〇枚もの画像からその正確な位置を決定した。さらに、統計処理により、ヴァローティガラの仮説が正しかったことが示された。イヌが自らの飼い主を見たときは、より右方向へしっぽを振った。右へは平均して八〇度、それに対して左の振り角は六五度であった。同様に右への傾向を示したのは見知らぬヒトおよびネコを見たときである。もっとも、飼い主を見たときと比べるとその傾向は明確に小さかった。それに対して、強そうなイヌを見るとしっぽは大きく左に振られた。

　ネコによるものを含めて、イヌが引付けられるような刺激を受けた場合には、しっぽを右に振り、回避の準備をするような場合には左に振った。

　ヴァローティガラは、これが特段驚くほどの結果ではないと認めた最初の人である。それゆえ、この実験結果に対するメディアの反応には非常に驚かされた。モスクワから東京までの多くの新聞がイヌのしっぽの振り方に関する彼の実験結果を紹介した。さらに『ニューヨーク・タイムズ』までが報道するに至っては、落ち着いていることはできなかった。「アンディ・ウォーホルが映画『一五ミニッツ』内で予言したように、私も一五分で有名になった」と、彼は話している。メディアは脳の両半球の分業よりも、ヒトとイヌの特別な関係について多くの言葉を費やしたのだった。「魚類や鳥類を使った私のかつての実験は、今回のに比べればほとんど注目されなかった」

では、脳の非対称性の原因は何だろう。長い間、脳の両半球の差違はヒト固有のものと信じられてきた。その理由もすぐに見つけ出されていた。つまり言語である。左右の脳半球は脳梁とよばれる比較的細い神経束を通じて情報を交換する。一方、言語処理には脳内で素早いデータ処理が必要だ。もし、左右の両脳半球が言語を担当していると、脳梁がボトルネックとなってしまう。それゆえ、言語中枢はどちらかの脳半球にのみ発達した。ヒトでは多くの場合左脳で、その他の機能は右脳が担当することになる。

しかし、言語ですべてを説明することはできない。ミツバチ、ニワトリ、イヌ、その他の動物でも脳が非対称的であることがわかったからだ。今日の科学では脳半球の左右差は生存に有利であるため発生したと考えられている。これにより同時に二つのこと、たとえば食事と敵への警戒をすることができる。また、非対称的に配置された身体内部の器官が脳とつながっていることも、脳半球の非対称性の原因である可能性がある。

2008年
イヌⅢ——大あくび

日常的な現象のなかで、科学者にとって一番の謎は、あくびといってもいいだろう。これまで注目すべき研究が発表されてきた。たとえば「早産児におけるあくびと行動段階」あるいは「ネズミのあくびの際のセロトニン・モジュレーションの年齢別変化」などである。しかし、なぜ、深く息を吸いながら反射的に大きく口を開け、それから、時折長く定義不可能な音と共に閉じるのかはまだわかっていない。数年ごとに新しい理論が提起されるが、これまで証明されたものはなく、反証されたものもほとんどない。確実なのは、長く主張されてきたあくびが酸素不足に起因するという説は、誤りだということ。血中酸素濃度が低い人がより頻繁にあくびをすることはない。ちなみに、最新の説は、あくびが脳を冷やすというものだ。

あくびに関して数少ない確定事項の一つは、それが伝染するということである。集団の一人があくびをすると、しばらく後には全員があくびをし始める。それで科学者のなかにはあくびに社会的機能を付与するものもいる。かつてあくびは狩人や採集者の睡眠と起床の合図だったのだろうか？ あるいは、グループ全体の注目を集めるためのものなのか？ ヒトにとってのあくびは、オオカミにとっての遠吠えが一種の狩りの準備であるようなものなのか？ このような考えがまったくの空論に聞こえるなら、それには単純な理由がある。つまり、実際空論なのだ。

ロンドン大学の心理学者千住淳はこの種の空論の一つに特に興味をひかれた。それは、あくびが伝染するのはヒトに感情移入の能力があるから、というものである。表現を変えれば、他人が自分自身と同様に期待、意見、感情、および、意図などをもつ存在であるとの直感的確信をもたない人間は、他人のあくびに対して免疫があるはずである。この種の確信が欠如している数少ない人間に自閉症患者がいる。彼らが他人と関わるのが極端に苦手なのは、相手の感情を認知できないことに由来しているといわれている。

千住は自閉症児二四人を含む児童四九人に、あくびをする六人の顔の写ったビデオを見せ、児童を観察した。すると、実際自閉症児は他の児童に比べて三回少なくあくびをしたのだった。

二〇〇七年にこの結果を発表すると、彼は異例の郵便を受取った。多数のイヌの飼い主が、千住に対して、彼らの飼いイヌにヒトのあくびが伝染すると主張したのだった。これは千住を驚かせた。イヌには感情移入の能力がない。定説によれば、それには複雑な思考と自己認識の能力が必要であるが、どちらもイヌにはないものだ。千住は事情を確かめることにし、イヌ二九匹を調達した。

イヌにビデオを見せようとする最初の試みは完全な失敗に終わった。イヌは、あくびをする顔のビデオを見せられたときにとる、唯一理性的な行動をしたのだった。つまり、見向きもしなかったのだ。当初の実験で児童がそうしなかったのには理由がある。それは、千住が児童にビデオに登場する男女の数を数えるよう指示したからである。この方法はイヌには使えないので、千住の協力者であるマリオ・M・ジョリーマスケローニの出番となった。彼の役割は非常に奇妙なものだった。それは、イヌの前に座ってイヌが彼を見るまで待ち、イヌが彼を見たらその後五分間で一〇回から二〇回あくびをするというものだった。すると、二九匹のうち、二一匹はすぐにあくびを始めた。平均すると一分三九秒後に。イヌが単純に口の開閉をまねたわけではないことを確認するため、ジョリーマスケローニは再度イヌの前に座り、あくびではない単なる口の開閉を繰返した。すると、イヌは何ら反応を示さなかった。

これは二つの意味で驚くべき結果である。一つは、あくびがヒトからイヌへと種の垣根を越えて伝染したこと。もう一つは、あくびをしたイヌの割合が非常に大きいこと。二九匹中二一匹は七二％であり、ヒト同士（四五から五〇％）やチンパンジー（三三％）よりも大きい！もしこの結果がヒトに対するイヌの共感能力について本当に何かを示唆するなら、それはヒト同士よりもイヌの方がヒトをよく理解するということになるかもしれない。もっとも、これはイヌの飼い主にとっては当然の事実であろう。

イヌはヒトのあくびが伝染して，同様にあくびをし始める．（鏡に写っている人は科学者で，彼のあくびにイヌが反応してあくびをし始める）

掲載図出典

p.1 Otto von Guericke Gesellschaft, Magdeburg
p.5 Stadt Magdeburg
p.7 Corbis Images, Düsseldorf (Bettman/Corbis)
p.11 Corbis Images, Düsseldorf
p.12 Eric Ferrante ("Bolt of Lightning" by Isamu Noguchi)
p.15 Museum of London
p.19 Universität Bern, Institut für Medizingeschichte, Nachlass Theodor Kocher
p.20 Aus: Zur Lehre von Schusswunden, Theodor Kocher, Fischer & Co, 1895
p.22 Aus: Handbuch of Sensory Physiology 1978, Springer Verlag, mit Genehmigung der Universität Tübingen
p.25 Wikipedia
p.27 Hale Observatory
p.32 ETH Bibliothek/Sammlung Alte Drucke, Zürich〔Aus: H. P. Brown, 'Death-current experiments at the Edison laboratory', *Electrical World*, **12**, 393–394 (1888)〕
p.35 Interfoto, München/Mary Evans
p.37 Artemis Images, Centennial/Co/USA
p.39, 40 American Medical Association, Chicago/Ill〔Aus: C. M. Davis, 'Self-selection of diet by newly weaned infants: an experimental study', *American journal of diseases of children*, **28**, 651–679 (1928)〕
p.43 The University of Queensland, Australia (Karen Kindt)
p.44 The University of Queensland, Australia (Prof. J. S. Mainstone)
p.46 Interfoto, München
p.51, 53 Mitzi Wertheim〔Aus: M. McGraw, "Growth: A study of Johnny and Jimmy", New York, D. Appleton-Century Company (1935)〕
p.60 Corbis Images, Düsseldorf (Laura Dwight)
p.62 Piaget Archiv, Genève
p.71 Piaget Archiv, Genève〔Aus: J. Aronson, "The essential Piaget", Northvale, New Jersey〕
p.78 William Vandivert
p.81 Edwards Air Force Base/History Office/AFB/CA/USA
p.82 Getty Images, München
p.83 David Hill Collection
p.86 Muzafer Sherif〔Aus: The Robbers Cave Experiment. Intergroup Conflict and Cooperation, Wesleyan University Press (1988)〕
p.87 上右，p.87 上左 Muzafer Sherif〔Aus: The Robbers Cave Experiment. Intergroup Conflict and Cooperation, Wesleyan University Press (1988)〕
p.88 Muzafer Sherif〔Aus: The Robbers Cave Experiment. Intergroup Conflict and Cooperation, Wesleyan University Press (1988)〕
p.90 Ann Linton〔Aus: "Introduction to Psychology", 10th edition by Atkinson/HBJ (1989)〕
p.95 Sol Mednick, Philadelphia〔Aus: E. H. Hess, "The Tell Tale Eye", Van Nostrand (1975)〕
p.96 Aus: E. H. Hess, "The Tell Tale Eye", Van Nostrand (1975)
p.98 Aus: Science and Mechanics, p.110 (October, 1961)
p.101, 102 AFP Agence France Press GmbH, Berlin
p.109 Warner Bros/The Kobal Collection
p.112 Getty Images, München (Don Gravens/Time Life Pictures)
p.119 Harvard Edu:/Prof. E.O.Wilson
p.122 Harvard Edu:/Prof. E.O.Wilson
p.125 The University of Maryland/Prof. Harold Sigall

p.131 Columbia University/Psychology Department
p.136 Aus: Weiskrantz, L., J. Elliott, *et al*., 'Preliminary observations on tickling oneself', *Nature*, **230(5296)**, 598-599 (1971)
p.143, 145 Norman Heglund
p.159 Corbis Images, Düsseldorf (Reuters)
p.161 Hulton-Deutsch/Hulton-Deutsch Collection/Corbis via Getty Images
p.163 AP Images, Frankfurt
p.164, 165 Aus: Artikel von Susan Sugarman, unterstützt vom Max Planck-Institut, ©American Psychological Society
p.167 AP Images, Frankfurt
p.168, 169 Roger Ressmeyer/Corbis/VCG via Getty Images
p.173 Melissa Hines/Elsevier/Copyright Clearence Center/Boston/MA〔Aus: Alexander & Hines, *Evolution and Human Behavior*, **23**, 467-479 (2002)〕
p.175 The University of Hawaii/Craig R. Smith
p.176 The University of Hawaii/Craig R. Smith
p.178 Nature, London (Stephen Dalton)
p.179 Nature Publishing Group, London〔Aus: : J. W. Glasheen, T. A. McMahon, 'A hydrodynamic model of locomotion in the basilisk lizard', *Nature*, **380**, 340-342 (1996)〕
p.184 AFP =時事
p.187 Jon Jefferson/Jefferson Bass.com
p.193 The University of San Diego/Chris Harris
p.196～198 Scientific American/Michael McCloskey〔Aus: M. McCloskey, 'Intuitive Physics', *Scientific American*, **248(4)**, 114-122 (1983)〕
p.203 Lea Delson, Berkeley/CA/USA
p.204 Spine Magazin〔Aus: H. J. Wilke, P. Neef, *et al*., 'New *in vivo* measurements of pressures in the intervertebral disc in daily life', *Spine*, **24(8)**, 755-762 (1999)〕
p.205, 206 Clinical Biomechanics:〔Aus: H. Wilke, P. Neef, B. Hinz, H. Seidel, L. Claes, 'Intradiscal pressure together with anthropometric data-a data set for the validation of models', *Clinical Biomechanics*, **16(Suppl 1)**, S111-S126 (2001) with permission of Elsevier, Oxford〕
p.214 The New Scientist Magazine, London
p.217 Dan Ariely
p.221～223 Dr. Charlie Frowd/School of Psychology/University of Central Lancashire, Preston, UK.〔Aus: Sinha, Pawan, 'Recognizing complex patterns', *Nature Neuroscience*, **suppl 5**, 1093-1097 (2002)〕
p.224 上右 Stephane Cardinale/Corbis via Getty Images
p.224 上左 Frank Trapper/Corbis via Getty Images
p.227 The University of Minnesota/Josh McDermott
p.229, 230 The University of Minnesota/New Service
p.233～236 Keez Keizer
p.239, 240 Krista MacPherson
p.241, 242 Courtesy Noam Sobel lab, UC Berkeley (Aus: UC Berkeley News/ Two nostrils better than one, researchers show By Robert Sanders, Media Relations 18. December 2006)
p.245 Current Biology (Aus: Asymmetric tailwagging responses by dogs to different emotive stimuli A. Quaranta, M. Siniscalchi and G. Vallortigara) with courtesy of G. Vallortigara S. 280: Ramiro M. Joly-Mascheroni
p.249 Ramiro M. Joly-Mascheroni

出典

1654 O. von Guericke, "Experimenta nova (ut vocantur) Magdeburgica de vacuo spatio", Amsterdam, Janssonium à Waesberge (1672).

1747 J. Lind, "A treatise of the scurvy", London, Printed for S. Crowder (1753).

1752 B. Franklin, 'The Kite Experiment', *The Pennsylvania Gazette* (19. Oktober 1752).

1758 B. Franklin, 'Oil on Water', *Letter to William Brownrigg* (1773).

1874 T. Kocher, 'Ueber die Sprengwirkung der modernen Kleingewehr-Geschosse', *Correspondenz-Blatt für Schweizer Aerzte*, **5**, 3-7, 29-33, 69-74 (1875).

1875 E. Mach, "Grundlinien der Lehre von den Bewegungsempfindungen", Leipzig, Wilhelm Engelmann (1875).

1881 A. A. Michelson, 'The Relative Motion of the Earth and the Lumniferous Ether', *The American Journal of Science*, **22**, 127-132 (1881). A. A.Michelson, E. W. Morley, 'On the Relative Motion of the Earth and the Luminiferous Ether', *American Journal of Science* (*3rd series*), **34**, 333-345 (1887).

1887 A. Weismann, "Ueber die Hypothese einer Vererbung von Verletzungen", Jena, Gustav Fischer (1889).

1888 H. P. Brown, 'Death-Current Experiments at the Edison Laboratory', *Electrical World*, **12**, 393-394 (1888).

1911 H. L. Hollingworth, 'The Influence of Caffein on Mental and Motor Efficiency', *Archives of Psychology*, **22** (1912).

1926 C. M. Davis, 'Selfselection of diet by newly weaned infants: an experimental study', *American journal of diseases of children*, **28**, 651-679 (1928).

1927 R. Edgeworth, B. J. Dalton *et al.*, 'The pitch drop experiment', *European Journal of Physics*, **5** (**4**), 198-200 (1984).

1928 V. Stefansson, "The Fat of the Land", New York, The Macmillan Company (1957).

1932 M. McGraw, "Growth: A Study of Johnny and Jimmy", New York, D. Appleton-Century Company (1935).

1932 'Is Lie Detector Blessing or Menace?', *The Tyrone Daily Herald*, 3 (15. Juni 1932).

1932 C. Leuba, 'Tickling and Laughter: Two Genetic Studies', *The Journal of Genetic Psychology*, **58**, 201-209 (1941).

1933 J. Piaget, 'La genèse des principes de conservation', *Annuaire de l'instruction publique en Suisse*, **27**, 31-44 (1936).

1935 H. M. Skeels, H. B. Dye, 'A study of the effects of differential stimulation on mentally retarded children', *Proceedings and Addresses of the American Association on Mental Deficiency*, **44**, 114-136 (1939). H. M. Skeels, 'Adult status of children with contrasting early life experiences: A follow-up study', *Monograph of the Society for Research in Child Development*, **31**(**3**) (1966).

1936 J. Piaget, "La representation de l'espace chez l'enfant". Paris, Presses Universitaires de France (1948).

1936 E. Ginzberg, 'Customary Prices', *American Economic Review*, 296 (1936).

1938 E. Hartley, "Problems in prejudice", New York, King's Cross Press (1946).

1951 S. Asch, 'Studies of independence and conformity: I. A minority of one against a unanimous majority', *Psychological Monographs: General and Applied*, **70**(**416**) (1956).

1954 J. P. Stapp, 'Effects of mechanical force on living tissue. 1. Abrupt deceleration and windblast', *Journal of Aviation Medicine*, **26**, 268-288 (1955).

1954 M. Sherif, O. J. Harvey *et al.*, "Intergroup Conflict and Cooperation: The Robbers Cave Experiment", Norman, University of Oklahoma Book Exchange (1961).

1958 R. L. Fantz, 'Pattern vision in young infants', *Psychological Record*, **8**, 43-47 (1958).

1960 P. C. Wason, 'Reasoning about a rule' *Quarterly Journal of Experimental Psychology*, **20**, 273–281 (1968).
1960 E. H. Hess, "The Tell-Tale Eye: How Your Eyes Reveal Hidden Thoughts And Emotions", New York, Van Nostrand Reinhold Company (1975).
1960 D. E. Graveline, B. Balke *et al.*, 'Psychobiologic effects of water-immersioninduced hypodynamics', *Aerospace Medicine*, **32**, 387–400 (1961).
1962 M. Siffre, "Expériences hors du temps", Paris, Fayard (1971).
1964 B. Latane, J. M. Darley, "The Unresponsive Bystander — Why Doesn't He Help?", New York, Appleton-Century-Crofts (1970).
1964 S. G. Laverty, 'Aversion therapies in the treatment of alcoholism', *Psychosomatic Medicine*, **28**, 651–666 (1966).
1964 G. Gulevich, W. C. Dement *et al.*, 'Psychiatric and EEG Observations on a Case of Prolonged (264 Hours) Wakefulness', *Archives of General Psychiatry*, **15**(**1**), 29–33 (1966).
1965 H. Garfinkel, "Studies in ethnomethodology", Englewood Cliffs, NJ, Prentice-Hall (1967).
1966 E. O. Wilson, D. S. Simberloff, 'Experimental zoogeography of islands: defaunation and monitoring techniques', *Ecology*, **50**, 267–278 (1969).
1967 E. E. Jones, H. Sigall, 'The Bogus Pipeline: A New Paradigm for Measuring Affect and Attitude', *Psychological Bulletin*, **76**(**5**), 349–364 (1971).
1968 W. Mischel, 'Process in Delay of Gratification', *Advances in Experimental Social Psychology*, L. Berkowitz, New York, Academic Press. **7**, 249–292 (1974).
1968 M. Crichton, "Beute", Blessing, München (2002)
1970 L. Weiskrantz, J. Elliott *et al.*, 'Preliminary observations on tickling oneself', *Nature*, **230** (**5296**), 598–599 (1971).
1972 E. Langer, A. Blank *et al.*, 'The mindlessness of ostensibly thoughtful action: The role of »placebic« information in interpersonal interaction', *Journal of Personality and Social Psychology*, **36**, 635–642 (1978).
1972 S. Milgram, J. Sabini, 'On Maintaining Urban Norms', *Advances in Environmental Psychology*, A. Baum, J. E. Singer, S. Valins, Hillsdale, NJ, Lawrence Erlbaum, **1**, 31–40 (1978).
1977 G. M. Maloiy, N. C. Heglund, *et al.*, 'Energetic cost of carrying loads: have African women discovered an economic way?', *Nature*, **319**(**6055**), 668–669 (1986).
1979 H. L. Bennett, 'Remembering Drink Orders: The Memory Skills of Cocktail Weitresses', *Human Learning*, **2**, 157–169 (1983).
1980 S. Milgram, H. J. Libety *et al.*, 'Response to Intrusion Into Waiting Lines', *Journal of Personality of Social Psychology*, **51**(**4**), 683–689 (1986).
1986 M. J. Russel, G. M. Switz *et al.*, 'Olfactory Influences on the Human Menstrual Cycle', *Pharmacology Biochemistry & Behavior*, **13**, 737–738 (1980).
1986 D. L. Halpern, R. Blake *et al.*, 'Psychoacoustics of a chilling sound', *Perception Psychophysics*, **39**(**2**), 77–80 (1986).
1987 D. M. Wegner, D. J. Schnieder *et al.*, 'Paradoxical effects of thought suppression', *Journal of Personality and Social Psychology*, **53**, 5–13 (1987).
1987 D. Mori, S. Chaiken *et al.*, 'Eating Lightly and self-presentation of femininity', *Journal of Personality and Social Psychology*, **53**, 693–702 (1987).
1988 M. G. Frank, T. Gilovich 'The dark side of self and social perception: Black uniforms and aggression in professional sports', *Journal of Personality and Social Psychology*, **54**, 74–85 (1988).
1989 J. F. Finch, R. B. Cialdini '(Self-) Image Management: Boosting', *Personality & Social Psychology Bulletin*, **15**(**2**), 222–232 (1989).
1991 H. Hecht, D. R. Proffitt, 'The Price of Expertise: Effects of Experience on the Water-Level Task', *Psychological Science*, **6**(**2**), 90–95 (1995).
1991 J. Poynter, "The Human Experiment: Two Years and Twenty Minutes Inside Biosphere 2", Basic Books (2006).
1992 G. M. Alexander, M. Hines, 'Sex differences in response to children›s toys in nonhuman primates (Cercopithecus aethiops sabaeus)', *Evolution and Human Behavior*, **23** (**6**), 467–479.
1992 C. R. Smith, A. R. Baco, 'The ecology of whale falls at the deep-sea floor', *Oceanography and*

Marine Biology: an Annual Review, **41**, 311–354 (2003).
1992 J. W. Glasheen, T. A. McMahon, 'A hydrodynamic model of locomotion in the Basilisk Lizard', *Nature*, **380**, 340–342 (1996).
1992 H. Diller, A. Brielmaier, 'Die Wirkung gebrochener und runder Preise. Ergebnisse eines Feldexperiments im Drogeriewarensektor', *Zeitschrift für betriebswirtschaftliche Forschung*, **48(7/8)**, 695–710 (1996).
1993 I. Maoz, A. Ward *et al.*, 'Reactive Devaluation of an Israeli vs. Palestinian Peace Proposal', *Journal of Conflict Resolution*, **46(4)**, 515–546 (2002).
1993 B. Bass, J. Jefferson, "Death's Acre: Inside the Legendary Forensic Lab, The Body Farm, Where the Dead Do Tell Tales", New York, G. P. Putnam's Sons (2003).
1994 C. R. Harris, N. Christenfeld, 'Can a machine tickle?', *Psychon. Bull. Rev.*, **6 (3)**, 504–510 (1999).
1994 M. McCloskey, "Report: The People of the State New York versus Pedro Gil", Defendant, Surpreme Court of the State of New York (1995).
1995 S. Roberts, 'Selfexperimentation as a source of new ideas: Ten examples about sleep, mood, health, and weight', *Behavioral and Brain Sciences*, **27(2)**, 227–288 (2004).
1996 H. J. Wilke, P. Neef *et al.*, 'New in vivo measurements of pressures in the intervertebral disc in daily life', *Spine*, **24(8)**, 755–762 (1999).
1998 F. Brochet, 'La dégustation: étude des représentations des objets chimiques dans le champ de la conscience', *La Revue des Oenologues*, **102** (2002).
1999 J. Kruger, D. Dunning, 'Unskilled and Unaware of It: How Difficulties in Recognizing One's Own Incompetence Lead to Inflated Self-Assessments', *J. Pers. Soc. Psychol.*, **77 (6)**, 1121–1134 (1999).
1999 A. Nevill, N. Balmer, *et al.*, 'Crowd influence on decisions in association football', *The Lancet*, **353(9162)**, 1416 (1999).
2001 K. Oates, M. Wilson, 'Nominal kinship cues facilitate altruism', *Proceedings of the Royal Society B: Biological Sciences*, **269(1487)**, 12–17 (2002).
2001 P. Brugger, E. Macasb *et al.*, 'Do sperm cells remember', *Behavioural Brain Research*, **136 (1)**, 325–328 (2002).
2001 D. Ariely, G. Loewenstein, 'The Heat of the Moment: The Effect of Sexual Arousal on Sexual Decision Making', *Journal of Behavioral Decision Making*, **19**, 87–98 (2006).
2002 C. D. Frowd, D. Carson *et al.*, 'Contemporary Composite Techniques: the impact of a forensicallyrelevant target delay', *Legal & Criminological Psychology*, **10(1)**, 63–81 (2005).
2002 R. B. Van Baaren, R. W. Holland *et al.*, 'Mimicry for money: behavioral consequences of imitation', *Journal of Experimental Social Psychology*, **39**, 393–398 (2003).
2003 J. McDermott, M. Hauser, 'Are consonant intervals music to their ears? Spontaneous acoustic preferences in a nonhuman primate', *Cognition*, **94**, B11–B21 (2004).
2003 B. Gettelfinger, E. L. Cussler, 'Will Humans Swim Faster or Slower in Syrup' *American Institute of Chemical Engineers Journal*, **50**, 2646–2647 (2004).
2005 K. Keizer, S. Lindenberg *et al.*, 'The Spreading of Disorder', *Science*, **322**, 1681–1685 (2008).
2006 K. Macpherson, W. A. Roberts, 'Do dogs (Canis familiaris) seek help in an emergency?', *Journal of comparative psychology*, **120(2)**, 113–119 (2006).
2006 J. Porter, B. Craven *et al.*, 'Mechanisms of scenttracking in humans', *Nature Neuroscience*, **10**, 27–29 (2007).
2007 A. Quaranta, M. Siniscalchi *et al.*, 'Asymmetric tailwagging responses by dogs to different emotive stimuli', *Current Biology*, **17(6)**, R199–201 (2007).
2008 R. M. Joly-Mascheroni, A. Senju *et al.*, 'Dogs catch human yawns', *Biology Letters*, **4 (5)**, 446–448 (2008).

［監 訳］

石浦章一（いし うら しょう いち）

同志社大学生命医科学部 特別客員教授，東京大学名誉教授．理学博士．1950 年生まれ．1974 年東京大学教養学部 卒．専門は生化学，分子認知科学．遺伝性の精神・神経疾患のメカニズムの解明を目指し，研究を行っている．『狂気の科学（共訳）』，『遺伝子が明かす脳と心のからくり』，『「老いない脳」をつくる』，『分子細胞生物学 第 6 版（共訳）』，『ヒトの遺伝子と細胞（監修）』など，学術書から一般書まで幅広いジャンルの著訳書多数．

［翻 訳］

大塚仁子（おお つか ひろ こ）

翻訳家．1958 年生まれ．1982 年獨協大学外国語学部卒．現在フリーで実務翻訳，通訳に従事．おもな訳書に『秘書の口説き方』，『猫のいない人生なんて（共訳）』，『ユーロ～贋札に隠された陰謀（共訳）』，『「きよしこの夜」物語』，『新訳コスモセラピー：7 つの感覚と次元が新しい世界をひらく』などがある．

原田公夫（はら だ きみ お）

翻訳家．博士（哲学）．1955 年生まれ．1989 年ハイデルベルク大学哲学・歴史学部 卒．NPO 法人の役員を務めるかたわらドイツ語の通訳・翻訳に携わる．

続 狂気の科学

真面目な科学者たちの奇態な実験

石浦章一 監訳

2018 年 3 月 6 日 第 1 刷 発行

ISBN978-4-8079-0931-5
Printed in Japan

発行者
小澤美奈子

発行所
株式会社 東京化学同人
東京都文京区千石 3-36-7（〒112-0011）
電話（03）3946-5311
FAX（03）3946-5317
URL http://www.tkd-pbl.com/

印刷 日本フィニッシュ株式会社
製本 株式会社 松岳社

狂気の科学
真面目な科学者たちの奇態な実験

R. U. Schneider 著／石浦章一・宮下悦子 訳
B6 判　296 ページ　定価：本体 2100 円＋税

人間の赤ちゃんと一緒に育ったサルは人間に育つのか，人の「心」の重量は何グラムか，ドラッグでハイになった蜘蛛がつくる巣の形とは？など，中世から現代までの知的冒険をユーモアを交えて紹介した読み物．分野は生命科学，物理学から心理学に至るまで幅広く，一読に値するものが多い．